FIELDS 체

송영권 지음

KM 경문사

PREFACE 머리말

이 책을 집필하게 된 동기는 학생들이 현대대수학의 기초개념인 체(field)에 대한 개념들 즉, 확대체, 분해체, 대수적 확대체, 유한 확대체, 유한체, 대수적 작도, 갈로아 이론 등의 내용을 좀 더 쉽고 체계적으로 이해할 수 있도록 도와주기 위해서입니다.

특별히 강의하면서 학생들이 이해하기 힘들어하는 개념 및 정리의 증명을 최대한 자세하게 설명하였고, 다양한 예제를 활용하여 정의 및 정리를 쉽게 이해할 수 있도록 하였습니다. 또한 학생들이 반드시 이해할 필요가 있다고 생각되는 개념들에 대한 문제들로 연습문제를 구성하고 학생들의 이해도를 극대화하기 위해서 학생들 입장에서 최대한 자세하게 연습문제 풀이를 첨가하였습니다.

이 책으로 체에 대한 이론을 학습하는 학생들이 이 책을 소장하고 싶은 마음이 함께 들기를 바랍니다.

책이 출판되기까지 세심하게 신경 써주신 경문사 직원분들께 진심으로 감사드립니다.

2022년 3월 1일

저자

수학을 공부하지 않은

사람들 대부분에게는

믿기지 않게 보이는 일들이 있다.

– 아르키메데스 –

CONTENTS 차례

수 집합 기호

이 책에서는 수 집합과 관련해서 다음과 같은 기호를 사용하기로 한다.

$\mathbb{N}$: 모든 자연수들의 집합.

$\mathbb{Z}$: 모든 정수들의 집합.

$\mathbb{Q}$: 모든 유리수들의 집합.

$\mathbb{R}$: 모든 실수들의 집합.

$\mathbb{C}$: 모든 복소수들의 집합.

$\mathbb{Z}^* = \mathbb{Z} - \{0\}$,

$\mathbb{Q}^* = \mathbb{Q} - \{0\}$,

$\mathbb{R}^* = \mathbb{R} - \{0\}$,

$\mathbb{C}^* = \mathbb{C} - \{0\}$

CHAPTER

1

체

(Fields)

이 장에서는 군, 환의 정의를 살펴보고 체의 정의에 대해서 살펴본다.

정의

집합 G에서 정의된 연산 $\circ$에 대하여 다음 조건 (1), (2), (3)을 모두 만족시키면 집합 G를 **군**(Group)이라고 한다.

(1) (결합법칙) 임의의 원소 $a,b,c \in G$에 대하여

$$a \circ (b \circ c) = (a \circ b) \circ c$$

(2) (항등원의 존재) 적당한 원소 $x \in G$가 존재하여 모든 $a \in G$에 대하여

$$a \circ x = a = x \circ a$$

이때 x를 항등원(identity)이라 하고 e 또는 e_G로 나타낸다.

(3) (역원의 존재) 각각의 원소 $a \in G$에 대하여

$$a \circ y = e = y \circ a$$

를 만족시키는 원소 $y \in G$가 존재한다.

이때 원소 y를 원소 a의 역원(inverse)이라고 하고 a^{-1}로 나타낸다.

또한 군 G가 다음 조건을 만족시키면 G을 **아벨군**(abelian group)이라고 한다.

(4) (교환법칙) 임의의 원소 $a,b \in G$에 대하여

$$a \circ b = b \circ a$$

참고 군 G에서 정의된 연산을 나타낼 필요가 있는 경우에는 $(G, \circ)$로 표현한다.

예제 집합 $\mathbb{Z}$, $\mathbb{Q}$, $\mathbb{R}$, $\mathbb{C}$는 모두 덧셈연산에 대하여 아벨군이다.

정의

집합 R에 두 연산 $+$과 $\cdot$(덧셈과 곱셈)이 정의되고 R이 다음 조건을 모두 만족시키면 집합 R을 **환**(Ring)이라고 한다.

(1) (덧셈에 대한 결합법칙) 임의의 원소 $a,b,c \in R$에 대하여

$$a+(b+c)=(a+b)+c$$

(2) (덧셈에 대한 항등원의 존재) 적당한 원소 $x \in R$가 존재하여 임의의 원소 $a \in R$에 대하여

$$a+x=a=x+a$$

이때 x를 덧셈에 대한 항등원(identity)이라 하고 0 또는 0_R로 나타낸다.

(3) (덧셈에 대한 역원의 존재) 각각의 원소 $a \in R$에 대하여

$$a+y=0=y+a$$

를 만족시키는 원소 $y \in R$가 존재한다.
이때 y를 a의 덧셈에 대한 역원(inverse)이라고 하고 $-a$로 나타낸다.

(4) (덧셈에 대한 교환법칙) 임의의 원소 $a,b \in R$에 대하여

$$a+b=b+a$$

(5) (곱셈에 대한 결합법칙) 임의의 원소 $a,b,c \in R$에 대하여

$$a\cdot(b\cdot c)=(a\cdot b)\cdot c$$

(6) (배분법칙) 임의의 원소 $a,b,c \in R$에 대하여

$$a\cdot(b+c)=a\cdot b+a\cdot c, \qquad (a+b)\cdot c=a\cdot c+b\cdot c$$

또한 환 R이 다음 조건을 만족시키면 R을 **가환환**(commutative ring)이라고 한다.

(7) (곱셈에 대한 교환법칙) 임의의 원소 $a,b \in R$에 대하여

$$a\cdot b=b\cdot a$$

참고 환 R에서 정의된 연산을 나타낼 필요가 있을 경우에는 $(R, +, \cdot)$로 표현한다.

예제 집합 $\mathbb{Z}$, $\mathbb{Q}$, $\mathbb{R}$, $\mathbb{C}$는 모두 덧셈연산과 곱셈연산에 대하여 환이고 집합 $\mathbb{Z}^*$, $\mathbb{Q}^*$, $\mathbb{R}^*$, $\mathbb{C}^*$는 모두 덧셈연산과 곱셈연산에 대하여 환이 아니다.

정의

집합 F에 두 연산 $+$과 $\cdot$(덧셈과 곱셈)이 정의되고 F가 다음 조건을 만족시키면 집합 F를 **체**(field)라고 한다.

(1) (덧셈에 대한 결합법칙) 임의의 원소 $a,b,c \in F$에 대하여

$$a+(b+c)=(a+b)+c$$

(2) (덧셈에 대한 항등원의 존재) 적당한 원소 $x \in F$가 존재하여 모든 원소 $a \in F$에 대하여

$$a+x=a=x+a$$

이때 x를 덧셈에 대한 **항등원**이라 하고 0 또는 0_F로 나타낸다.

(3) (덧셈에 대한 역원의 존재) 각각의 원소 $a \in F$에 대하여

$$a+y=0=y+a$$

를 만족시키는 원소 $y \in F$가 존재한다.

이때 y를 a의 덧셈에 대한 **역원**이라고 하고 $-a$로 나타낸다.

(4) (덧셈에 대한 교환법칙) 임의의 원소 $a,b \in F$에 대하여

$$a+b=b+a$$

(5) (곱셈에 대한 결합법칙) 임의의 원소 $a,b,c \in F$에 대하여

$$a \cdot (b \cdot c)=(a \cdot b) \cdot c$$

(6) (배분법칙) 임의의 원소 $a,b,c \in F$에 대하여

$$a \cdot (b+c)=a \cdot b + a \cdot c, \qquad (a+b) \cdot c = a \cdot c + b \cdot c$$

(7) (곱셈에 대한 항등원의 존재) 적당한 원소 $1 \in F$이 존재하여 임의의 원소 $a \in F$에 대하여

$$a \cdot 1 = a = 1 \cdot a$$

(8) (곱셈에 대한 역원의 존재) 각각의 원소 $a \in F - \{0\}$에 대하여

$$a \cdot y = 1 = y \cdot a$$

를 만족시키는 원소 $y \in F$가 존재한다.

이때 y를 a의 곱셈에 대한 **역원**이라고 하고 a^{-1}로 나타낸다.

(9) (곱셈에 대한 교환법칙) 임의의 원소 $a, b \in F$에 대하여

$$a \cdot b = b \cdot a$$

참고 1. 체 F를 표현할 때 연산을 나타낼 필요가 있을 경우에는 $(F, +, \cdot)$로 표현하기도 한다.

2. 체를 표현할 때는 일반적으로 영문자 대문자 F, K, L 등의 문자를 사용한다.
3. 체 F의 곱셈에 대한 항등원을 1_F로 나타내기도 한다.
4. 곱셈에 대한 항등원을 단위원(unity)이라고 하고 곱셈에 대한 역원이 존재하는 원소를 단원(unit)이라고 한다.
5. 일반적으로 원소 사이에 곱셈연산기호를 생략하고 ab로 나타낸다.

체 F의 정의에서 조건 (1), (2), (3), (4)를 만족시키므로 F는 덧셈에 대해서 Abel군이고 조건 (5), (6)을 추가로 만족시키므로 F는 환이 된다. 따라서 체 F는 덧셈연산에 대하여 Abel군의 구조를 갖고 있고 환의 구조도 갖고 있다. 또한 F는 조건 (7), (8)을 만족시키므로 F는 나눗셈환이 되고 조건 (9)로부터 F는 곱셈에 대한 가환적인 나눗셈환이 됨을 알 수 있다. 그러므로 체 F를 다음과 같이 정의할 수도 있다.

정의

집합 F가 두 연산 $+$과 $\cdot$ (덧셈과 곱셈)에 대하여 가환적인 나눗셈환이면 집합 F를 체(Field)라고 한다.

예제 수 $5 \in \mathbb{Z}$에 대하여 $5a = 1$를 만족시키는 정수 a가 존재하지 않으므로 $\mathbb{Z}$는 체가 아니다.

예제 집합 $\mathbb{Q}$, $\mathbb{R}$, $\mathbb{C}$ 는 모두 덧셈연산과 곱셈연산에 대하여 체가 되기 위한 조건을 만족시킨다. 이들을 각각 유리수체, 실수체, 복소수체라고 한다.

그런데 집합 $\mathbb{Q}^*$, $\mathbb{R}^*$, $\mathbb{C}^*$는 모두 덧셈연산과 곱셈연산에 대하여 체가 아니다.

예제 집합 $\mathbb{R}^n = \{(a_1, a_2, \cdots, a_n) \mid a_i \in \mathbb{R},\ i = 1, 2, \cdots, n\}$은 다음에 주어진 덧셈연산과 곱셈연산에 대하여 환이지만 자연수 $n > 1$에 대하여 원소 $(1, 0, \cdots, 0) \in \mathbb{R}^n$의 곱셈에 대한 역원이 존재하지 않으므로 $\mathbb{R}^n$는 체가 될 수 없다.

$$(a_1, a_2, \cdots, a_n) + (b_1, b_2, \cdots, b_n) = (a_1 + b_1, a_2 + b_2, \cdots, a_n + b_n)$$
$$(a_1, a_2, \cdots, a_n)(b_1, b_2, \cdots, b_n) = (a_1 b_1, a_2 b_2, \cdots, a_n b_n)$$

예제 집합 $\mathbb{Z}_2$는 2를 법으로 하는 덧셈연산과 곱셈연산에 대하여 체이다.

예제 집합 $\mathbb{Z}_{10}$은 10을 법으로 하는 덧셈연산과 곱셈연산에 대하여 환이지만 원소 $2 \in \mathbb{Z}_{10}$의 곱셈연산에 대한 역원이 존재하지 않으므로 $\mathbb{Z}_{10}$은 체가 될 수 없다.

예제 F가 체일 때 집합 $M_{n \times n}(F)$는 행렬의 덧셈연산과 곱셈연산에 대하여 환이지만 원소 $E_{11} \in M_{n \times n}(F)$의 곱셈에 대한 역원이 존재하지 않으므로 $M_{n \times n}(F)$는 체가 될 수 없다.

예제 $GL_n(\mathbb{R})$와 $SL_n(\mathbb{R})$는 행렬의 덧셈연산과 곱셈연산에 대하여 환이지만 두 원소 $\begin{pmatrix} 1 & -2 \\ 1 & -1 \end{pmatrix}, \begin{pmatrix} 1 & -3 \\ 1 & -2 \end{pmatrix} \in SL_n(\mathbb{R})$에 대하여

$$\begin{pmatrix} 1 & -2 \\ 1 & -1 \end{pmatrix}\begin{pmatrix} 1 & -3 \\ 1 & -2 \end{pmatrix} = \begin{pmatrix} -1 & 1 \\ 0 & -1 \end{pmatrix} \neq \begin{pmatrix} -2 & 1 \\ -1 & 0 \end{pmatrix} = \begin{pmatrix} 1 & -3 \\ 1 & -2 \end{pmatrix}\begin{pmatrix} 1 & -2 \\ 1 & -1 \end{pmatrix}$$

이므로 곱셈연산에 대하여 교환법칙이 성립하지 않는다.

따라서 $GL_n(\mathbb{R})$와 $SL_n(\mathbb{R})$는 모두 체가 될 수 없다.

예제 집합 $A = \{f \mid f : \mathbb{R} \to \mathbb{R}$ 는 일대일대응이다.$\}$는 다음에 주어진 함수의 덧셈연산과 곱셈연산에 대하여 체가 될 수 없다.

$$(f+g)(a) = f(a) + g(a)$$
$$(fg)(a) = f(a)g(a) \qquad\qquad (f, g \in A,\ a \in \mathbb{R})$$

만일 덧셈연산에 대해서 항등원 $g \in A$가 존재하면 임의의 원소 $f \in A$에 대하여

$$f + g = f$$

를 만족시킨다. 그러면

$$g(a) = 0, \qquad a \in \mathbb{R}$$

이므로 $g \not\in A$이다. 이는 모순이므로 집합 A 내에는 덧셈에 대한 항등원이 존재하지 않는다. 따라서 A는 체가 아니다.

예제 체 F와 체 K에 대하여 집합 $F \times K = \{(a,b) \mid a \in F,\ b \in K\}$는 덧셈연산과 곱셈연산

$$(a, b) + (c, d) = (a + c, b + d)$$
$$(a, b)(c, d) = (ac, bd) \qquad\qquad (a, c \in F,\ \ b, d \in K)$$

에 대하여 환이다.

그런데 원소 $(1_F, 0_K) \in F \times K$를 택하면

$$(1_F, 0_K)(a, b) = (1_F, 1_K)$$

를 만족시키는 원소 $(a, b) \in F \times K$가 존재하지 않는다.

따라서 원소 $(1_F, 0_K) \neq (0_F, 0_K) \in F \times K$의 곱셈에 대한 역원이 존재하지 않으므로 집합 $F \times K$는 체가 될 수 없다.

예제 계수가 정수인 모든 다항식들의 집합 $\mathbb{Z}[x]$는 다항식의 덧셈연산과 곱셈연산에 대하여 환이지만 원소 $x \in \mathbb{Z}[x]$에 대하여

$$xf(x) = 1$$

을 만족시키는 원소 $f(x) \in \mathbb{Z}[x]$가 존재하지 않는다.

따라서 원소 x의 곱셈에 대한 역원이 존재하지 않으므로 $\mathbb{Z}[x]$는 체가 될 수 없다.

예제 집합 $\mathbb{Q}[\sqrt{5}]=\{n+m\sqrt{5} \mid n,m\in\mathbb{Q}\}$는 다음에 주어진 덧셈연산과 곱셈연산에 대하여 체이다.

$$(n_1+m_1\sqrt{5})+(n_2+m_2\sqrt{5})=(n_1+n_2)+(m_1+m_2)\sqrt{5},$$
$$(n_1+m_1\sqrt{5})(n_2+m_2\sqrt{5})=(n_1n_2+5m_1m_2)+(n_1m_2+m_1n_2)\sqrt{5}$$
$$(n_1, n_2, m_1, m_2\in\mathbb{Q})$$

특히, $\mathbb{Q}[\sqrt{5}]$에 속하는 원소 $n+m\sqrt{5}\neq 0$에 대하여 적당한 원소

$$\frac{1}{n+m\sqrt{5}}=\frac{n}{n^2-5m^2}-\frac{m}{n^2-5m^2}\sqrt{5}\in\mathbb{Q}[\sqrt{5}]$$

가 존재하여

$$(n+m\sqrt{5})\frac{1}{n+m\sqrt{5}}=1$$

이므로 원소 $n+m\sqrt{5}\neq 0$의 역원 $(n+m\sqrt{5})^{-1}$가 존재한다.

연습문제

1. 다항식환 $\mathbb{R}[x]$가 다항식의 덧셈연산과 곱셈연산에 대하여 체가 되는지 판정하고 이를 증명하시오.

2. 체 $\mathbb{Q}$과 $\mathbb{R}$에 대하여 집합 $\mathbb{Q} \times \mathbb{R}$은 체가 되는지 판정하고 이를 증명하시오.

3. 집합 $A = \{f \mid f : \mathbb{R} \to \mathbb{R}$ 는 상수함수이다$\}$는 다음에 주어진 함수의 덧셈연산과 곱셈연산에 대하여 체가 되는지 판정하고 이를 증명하시오.

$$(f+g)(a) = f(a) + g(a)$$
$$(fg)(a) = f(a)g(a) \qquad (f, g \in A,\ a \in \mathbb{R})$$

4. 집합 $A = \{f \mid f : \mathbb{R} \to \mathbb{R}$ 는 연속함수이다$\}$는 다음에 주어진 함수의 덧셈연산과 곱셈연산에 대하여 체가 되는지 판정하고 이를 증명하시오.

$$(f+g)(a) = f(a) + g(a)$$
$$(fg)(a) = f(a)g(a) \qquad (f, g \in A,\ a \in \mathbb{R})$$

CHAPTER

2

확대체
(Extension Fields)

이 장에서는 확대체의 정의와 주어진 다항식의 근의 존재성에 대하여 살펴본다.

정의

체 F와 체 E가 다음 조건을 모두 만족시키면 E를 F의 **확대체**(extension field)라고 하고 F를 E의 **부분체**(subfield)라고 한다.

(1) $F \subset E$

(2) F에서 정의된 연산은 E에서 정의된 연산과 같다.

예제 유리수체 $\mathbb{Q}$는 실수체 $\mathbb{R}$의 부분체이고, 실수체 $\mathbb{R}$은 유리수체 $\mathbb{Q}$의 확대체이다.

예제 체 $\mathbb{Z}_{11}$에서 정의된 연산은 체 $\mathbb{Z}_7$에서 정의된 연산과 같지 않으므로 $\mathbb{Z}_{11}$은 $\mathbb{Z}_7$의 확대체가 아니다.

예제 체 $\mathbb{Q}[\sqrt{5}] = \{n + m\sqrt{5} \mid n, m \in \mathbb{Q}\}$는 유리수체 $\mathbb{Q}$의 확대체이다.

예제 기약다항식 $p(x) = x + 1 \in \mathbb{R}[x]$에 대하여 $\langle p(x) \rangle$는 극대아이디얼이므로 잉여환 $\mathbb{R}[x]/\langle p(x) \rangle$는 체이다. 또한 사상

$$\phi : \mathbb{R} \to \mathbb{R}[x]/\langle p(x) \rangle, \qquad \phi(a) = a + \langle p(x) \rangle$$

는 환준동형사상이고 일대일사상임을 다음과 같이 증명할 수 있다.

임의의 원소 $a, b \in \mathbb{R}$에 대하여

$$\begin{aligned}\phi(a+b) &= (a+b) + \langle p(x) \rangle \\ &= (a + \langle p(x) \rangle) + (b + \langle p(x) \rangle) \\ &= \phi(a) + \phi(b)\end{aligned}$$

$$\begin{aligned}\phi(ab) &= ab + \langle p(x) \rangle \\ &= (a + \langle p(x) \rangle)(b + \langle p(x) \rangle) \\ &= \phi(a)\phi(b)\end{aligned}$$

$$\begin{aligned} \ker\phi &= \{a \in \mathbb{R} \mid \phi(a) = 0 + \langle p(x) \rangle\} \\ &= \{a \in \mathbb{R} \mid a + \langle p(x) \rangle = 0 + \langle p(x) \rangle\} \\ &= \{a \in \mathbb{R} \mid a \in \langle p(x) \rangle\} \\ &= \{0\} \end{aligned}$$

따라서 $\mathbb{R}$과 $\phi(\mathbb{R})$는 서로 동형이므로 $\phi(\mathbb{R})$은 체이다.

결과적으로 체 $\mathbb{R}[x]/\langle p(x) \rangle$는 $\mathbb{R}$과 동형인 부분체 $\phi(\mathbb{R})$를 포함한다. 그러므로 체 $\mathbb{R}[x]/\langle p(x) \rangle$는 체 $\phi(\mathbb{R})$의 확대체이고 체 $\phi(\mathbb{R})$는 체 $\mathbb{R}[x]/\langle p(x) \rangle$의 부분체이다. 또한 원소 $a \in \mathbb{R}$와 원소 $\phi(a) = a + \langle p(x) \rangle \in \mathbb{R}[x]/\langle p(x) \rangle$를 동일시한다면 체 $\mathbb{R}[x]/\langle p(x) \rangle$를 실수체 $\mathbb{R}$의 확대체로 이해할 수 있다.

정리

체 K가 체 F의 확대체이고 체 L이 체 K의 확대체이면 체 L은 체 F의 확대체이다.

증명 체 K가 체 F의 확대체이고 체 L이 체 K의 확대체이므로

(1) $F \subset K$이고 $K \subset L$이다. 따라서 $F \subset L$이다.

(2) F에서 정의된 연산은 K에서 정의된 연산과 같고 K에서 정의된 연산은 L에서 정의된 연산과 같다. 따라서 F에서 정의된 연산은 L에서 정의된 연산과 같다.

결과적으로 (1)과 (2)로부터 체 L은 체 F의 확대체이다. ◪

예제 복소수체 $\mathbb{C}$는 실수체 $\mathbb{R}$의 확대체이고 실수체 $\mathbb{R}$은 유리수체 $\mathbb{Q}$의 확대체이므로 복소수체 $\mathbb{C}$는 유리수체 $\mathbb{Q}$의 확대체이다.

정의

체 F와 F의 확대체 E에 대하여 $f(x) \in F[x] - F$일 때 $f(a) = 0$을 만족시키는 적당한 원소 $a \in E$가 존재하면 a를 $f(x)$의 **근**(root) 또는 해라고 한다.

예제 다항식 $f(x)=x^2-16\in\mathbb{Q}[x]$에 대하여 $4\in\mathbb{Q}$이고 $f(4)=0$이므로 $a=4$는 $f(x)$의 근이다.

예제 다항식 $f(x)=x^2+2\in\mathbb{R}[x]$에 대하여 $\sqrt{2}i\in\mathbb{C}$이고 $f(\sqrt{2}i)=0$이므로 $a=\sqrt{2}i$는 $f(x)$의 근이다.

예제 기약다항식 $p(x)=x+1\in\mathbb{R}[x]$에 대하여 $p(-1)=0$이므로 $a=-1$은 $p(x)$의 근이다. 또한 잉여환 $\mathbb{R}[x]/\langle p(x)\rangle$는 체이고

$$\begin{aligned}p(x+\langle p(x)\rangle)&=(x+\langle p(x)\rangle)+(1+\langle p(x)\rangle)\\&=(x+1)+\langle p(x)\rangle\\&=p(x)+\langle p(x)\rangle\\&=0+\langle p(x)\rangle\end{aligned}$$

이므로 원소 $x+\langle p(x)\rangle\in\mathbb{R}[x]/\langle p(x)\rangle$는 기약다항식 $p(x)$의 근이다.

예제 다항식 $p(x)=x^2+1\in\mathbb{Z}_3[x]$에 대하여

$$p(0)\neq 0,\quad p(1)\neq 0,\quad p(2)\neq 0$$

이므로 $p(x)$는 $\mathbb{Z}_3$ 위에서 기약다항식이다. 따라서 $\mathbb{Z}_3[x]/\langle p(x)\rangle$는 체이고

$$\begin{aligned}p(x+\langle p(x)\rangle)&=(x+\langle p(x)\rangle)^2+(1+\langle p(x)\rangle)\\&=(x^2+1)+\langle p(x)\rangle\\&=p(x)+\langle p(x)\rangle\\&=0+\langle p(x)\rangle\end{aligned}$$

이므로 원소 $x+\langle p(x)\rangle\in\mathbb{Z}_3[x]/\langle p(x)\rangle$는 기약다항식 $p(x)$의 근이다.

정리

체 F와 다항식 $f(x)\in F[x]-F$에 대하여 F의 확대체 E가 존재하여 $f(a)=0$을 만족시키는 원소 $a\in E$가 존재한다.

증명 다항식환 $F[x]$는 유일소인수분해정역이므로

$$f(x) = p_1(x)p_2(x)\cdots\ p_k(x)$$

를 만족시키는 기약다항식 $p_i(x)$ $(i = 1, 2, \cdots, k)$가 존재한다.

그러면 $p_1(x)$에 대하여 적당한 원소 $a_i \in F$, $i = 0, 1, \cdots, n$가 존재하여

$$p_1(x) = \sum_{i=0}^{n} a_i x^i$$

로 나타낼 수 있고 체 $F[x]/\langle p_1(x)\rangle$는 체 F의 확대체이다. 또한

$$\begin{aligned} p_1(x + \langle p_1(x)\rangle) &= \sum_{i=0}^{n} a_i (x + \langle p_1(x)\rangle)^i = \sum_{i=0}^{n} a_i x^i + \langle p_1(x)\rangle \\ &= p_1(x) + \langle p_1(x)\rangle = 0 + \langle p_1(x)\rangle \end{aligned}$$

이므로 원소 $x + \langle p_1(x)\rangle$는 체 F의 확대체 $F[x]/\langle p_1(x)\rangle$ 내에서 기약다항식 $p_1(x)$의 근이다. 따라서

$$\begin{aligned} f(x + \langle p_1(x)\rangle) &= p_1(x + \langle p_1(x)\rangle)p_2(x + \langle p_1(x)\rangle)\cdots\ p_n(x + \langle p_1(x)\rangle) \\ &= 0 + \langle p_1(x)\rangle \end{aligned}$$

이므로 원소 $a = x + \langle p_1(x)\rangle \in F[x]/\langle p_1(x)\rangle$가 존재하여 $f(a) = 0 + \langle p_1(x)\rangle$을 만족시킨다. ◪

예제 다항식 $f(x) = x^3 + x^2 + x \in \mathbb{Z}_5[x]$에 대하여 $f(x) = x(x^2 + x + 1)$이므로 $f(x)$는 $\mathbb{Z}_5$ 위에서 가약다항식이다. 그런데 $p_1(x) = x$, $p_2(x) = x^2 + x + 1$로 놓으면 $p_1(x)$는 $\mathbb{Z}_5$ 위에서 기약다항식이고

$$p_2(0) \neq 0,\ \ p_2(1) \neq 0,\ \ p_2(2) \neq 0,\ \ p_2(3) \neq 0,\ \ p_2(4) \neq 0$$

이므로 $p_2(x)$는 $\mathbb{Z}_5$ 위에서 기약다항식이다.

즉, $\mathbb{Z}_5[x]/\langle p_1(x)\rangle$와 $\mathbb{Z}_5[x]/\langle p_2(x)\rangle$는 모두 체 $\mathbb{Z}_5$의 확대체이다. 또한

$$p_1(x + \langle p_1(x)\rangle) = x + \langle p_1(x)\rangle = p_1(x) + \langle p_1(x)\rangle = 0 + \langle p_1(x)\rangle$$

$$\begin{aligned} p_2(x + \langle p_2(x)\rangle) &= (x + \langle p_2(x)\rangle)^2 + (x + \langle p_2(x)\rangle) + (1 + \langle p_2(x)\rangle) \\ &= (x^2 + x + 1) + \langle p_2(x)\rangle = p_2(x) + \langle p_2(x)\rangle \end{aligned}$$

$$= 0 + \langle p_2(x) \rangle$$

이므로

$$\begin{aligned} f(x + \langle p_1(x) \rangle) &= p_1(x + \langle p_1(x) \rangle) p_2(x + \langle p_1(x) \rangle) \\ &= 0 + \langle p_1(x) \rangle \\ f(x + \langle p_2(x) \rangle) &= p_1(x + \langle p_2(x) \rangle) p_2(x + \langle p_2(x) \rangle) \\ &= 0 + \langle p_2(x) \rangle \end{aligned}$$

이다.

따라서 체 $\mathbb{Z}_5$의 확대체 $\mathbb{Z}_5[x]/\langle p_1(x) \rangle$에 속하는 원소 $a = x + \langle p_1(x) \rangle$가 존재하여 $f(a) = 0 + \langle p_1(x) \rangle$이다.

또한 체 $\mathbb{Z}_5$의 확대체 $\mathbb{Z}_5[x]/\langle p_2(x) \rangle$에 속하는 원소 $b = x + \langle p_2(x) \rangle$가 존재하여 $f(b) = 0 + \langle p_2(x) \rangle$이다.

예제 다항식 $p(x) = x^2 + 5 \in \mathbb{R}[x]$는 실수체 $\mathbb{R}$ 위에서 기약다항식이다.

따라서 잉여환 $\mathbb{R}[x]/\langle p(x) \rangle$는 $\mathbb{R}$의 확대체이다. 그런데

$$\begin{aligned} p(x + \langle p(x) \rangle) &= (x + \langle p(x) \rangle)^2 + (5 + \langle p(x) \rangle) \\ &= (x^2 + 5) + \langle p(x) \rangle = p(x) + \langle p(x) \rangle \\ &= 0 + \langle p(x) \rangle \end{aligned}$$

이므로 체 $\mathbb{R}$의 확대체 $\mathbb{R}[x]/\langle p(x) \rangle$에 속하는 원소 $a = x + \langle p(x) \rangle$가 존재하여 $p(a) = 0 + \langle p(x) \rangle$이다.

연습문제

1. 다항식 $p(x)=x^2+11\in\mathbb{R}[x]$에 대하여 $\mathbb{R}$의 확대체에 속하는 적당한 원소 a가 존재하여 $p(a)=0$을 만족시키는 $\mathbb{R}$의 확대체를 구하시오.

2. 다항식 $p(x)=2x^3+6x+3\in\mathbb{Q}[x]$에 대하여 $\mathbb{Q}$의 확대체에 속하는 적당한 원소 a가 존재하여 $p(a)=0$을 만족시키는 $\mathbb{Q}$의 확대체를 구하시오.

3. 환 S과 다항식 $f(x)\in S[x]-S$에 대하여 다음 명제의 참 또는 거짓을 판정하고 이유를 설명하시오.

   "$S\subset R$인 환 R이 존재하여 $f(a)=0$을 만족시키는 원소 $a\in R$가 존재한다."

CHAPTER

3

벡터공간
(Vector Spaces)

이 장에서는 벡터공간의 정의와 주어진 체 위에서의 차원에 대해서 살펴본다.

정의

집합 V와 체 F에 대하여 다음 조건이 모두 성립하면 V를 F 위의 벡터공간 (vector space)이라고 한다.

(1) 모든 원소 $u,v \in V$에 대하여 $u+v \in V$

(2) 모든 원소 $u \in V$와 $a \in F$에 대하여 $au \in V$

(3) (덧셈에 대한 결합법칙) 모든 원소 $u,v,w \in V$에 대하여

$$u+(v+w)=(u+v)+w.$$

(4) (덧셈에 대한 항등원의 존재) 적당한 원소 $v \in V$가 존재하여 모든 원소 $u \in V$에 대하여

$$u+v=u=v+u$$

이다. 이때 v를 덧셈에 대한 항등원(identity)이라고 하고 O으로 나타낸다.

(5) (덧셈에 대한 역원의 존재) 모든 원소 $u \in V$에 대하여

$$u+v=O=v+u$$

를 만족시키는 원소 $v \in V$가 존재한다.
이때 v를 u의 덧셈에 대한 역원(inverse)이라고 하고 $-u$로 나타낸다.

(6) (덧셈에 대한 교환법칙) 모든 원소 $u,v \in V$에 대하여

$$u+v=v+u$$

(7) 모든 원소 $u,v \in V$와 $a \in F$에 대하여

$$a(u+v)=au+av$$

(8) 모든 원소 $u \in V$와 $a,b \in F$에 대하여

$$(a+b)u=au+bu$$

(9) 모든 원소 $u \in V$와 $a,b \in F$에 대하여

$$(ab)u=a(bu)$$

(10) 모든 원소 $u \in V$와 원소 $1 \in F$에 대하여

$$1 \cdot u = u$$

예제 체 F의 확대체 E는 체 F 위에서 정의된 벡터공간이다.

예제 소수 p에 대하여 다항식환 $\mathbb{Z}_p[x]$는 체 $\mathbb{Z}_p$ 위에서 정의된 벡터공간이다.

정의

체 F 위에서 정의된 벡터공간 V의 부분집합 W가 V에서 정의된 연산에 대하여 체 F 위의 벡터공간이 되면 W를 V의 **부분공간**(subspace)이라고 한다.

예제 체 $\mathbb{Q}$는 체 $\mathbb{Q}$ 위에서 정의된 벡터공간 $\mathbb{R}$의 부분공간이다.

예제 체 F의 확대체 E에 대하여 F는 체 F 위에서 정의된 벡터공간 E의 부분공간이다.

예제 다항식환 $\mathbb{Q}[x]$는 체 $\mathbb{Q}$ 위에서 정의된 벡터공간 $\mathbb{R}[x]$의 부분공간이다.

정리

체 F 위에서 정의된 벡터공간 V의 부분집합 W가 다음 조건을 만족하면 W는 체 F 위에서 정의된 벡터공간 V의 부분공간이 된다.

" 임의의 벡터 $u, v \in W$와 $a \in F$에 대하여 $u + v \in W$, $au \in W$ "

증명 벡터공간 V의 부분집합 W가 V의 부분공간이 되기 위한 조건 중에서 다음 조건은 가정에 의하여 만족시킨다.

$$u+v \in V, \qquad au \in V$$

따라서 영벡터의 존재성과 덧셈에 대한 역원의 존재성만을 증명하면 충분하다.
(영벡터의 존재성) 가정에 의하여 $a=0 \in F$일 때

$$au = 0u \in W$$

이다. 그런데 $0u = O$이므로 $O \in W$이다.
(역원의 존재성) 가정에 의하여 $a = -1 \in F$일 때

$$au = (-1)u \in W$$

이다. 그런데 $(-1)u = -u$이므로 $-u \in W$이다.
그러므로 W는 체 F 위에서 정의된 벡터공간 V의 부분공간이다. ◪

정리

체 F 위에서 정의된 벡터공간 V의 부분공간 U, W에 대하여 V의 부분집합

$$U + W = \{u+w \mid u \in U,\ w \in W\}$$

는 벡터공간 V의 부분공간이다.

증명 임의의 벡터 $v_1, v_2 \in U+W$와 $a \in F$에 대하여 적당한 벡터 $u_1, u_2 \in U$와 $w_1, w_2 \in W$가 존재하여

$$v_1 = u_1 + w_1, \qquad v_2 = u_2 + w_2$$

이다. 그런데

$$(u_1+w_1)+(u_2+w_2) = (u_1+u_2)+(w_1+w_2) \in U+W$$
$$a(u_1+w_1) = au_1 + aw_1 \in U+W$$

이므로 $U+W$는 체 F 위에서 벡터공간 V의 부분공간이다. ◪

정리

체 F 위에서 정의된 벡터공간 V의 n개의 부분공간 $U_1, U_2, \cdots, U_n$에 대하여 집합

$$W = U_1 + U_2 + \cdots + U_n = \{u_1 + u_2 + \cdots + u_n \mid u_i \in U_i,\ i = 1, 2, \cdots, n\}$$

는 체 F 위에서 벡터공간 V의 부분공간이다.

증명 임의의 벡터 $u_i, v_i \in U_i,\ i = 1, 2, \cdots, n$와 $a \in F$에 대하여

$$u_i + v_i,\ au_i \in U_i, \qquad i = 1, 2, \cdots, n$$

이므로

$$\begin{aligned}(u_1 + u_2 + \cdots + u_n) + (v_1 + v_2 + \cdots + v_n) &= (u_1 + v_1) + (u_2 + v_2) + \cdots + (u_n + v_n) \\ &\in U_1 + U_2 + \cdots + U_n\end{aligned}$$

$$a(u_1 + u_2 + \cdots + u_n) = au_1 + au_2 + \cdots + au_n \in U_1 + U_2 + \cdots + U_n$$

이다. 따라서 W는 벡터공간 V의 부분공간이다. ◪

정리

체 F 위에서 정의된 벡터공간 V의 부분공간 U, W에 대하여 V의 부분집합

$$U \cap W = \{v \in V \mid v \in U \text{ 이고 } v \in W\}$$

는 벡터공간 V의 부분공간이다.

증명 임의의 벡터 $v_1, v_2 \in U \cap W$ 와 $\alpha \in F$에 대하여

$$v_1, v_2 \in U, \qquad v_1, v_2 \in V$$

이고 U와 W는 V의 부분공간이므로

$$v_1 + v_2 \in U, \qquad \alpha v_1 \in U$$

$$v_1 + v_2 \in W, \qquad \alpha v_1 \in W$$

이다. 따라서

$$v_1 + v_2 \in U \cap W, \qquad av_1 \in U \cap W$$

이다. 그러므로 $U \cap W$ 는 벡터공간 V의 부분공간이다. ◪

정리

체 F 위에서 정의된 벡터공간 V의 n개의 부분공간 $U_1, U_2, \cdots, U_n$에 대하여 집합

$$\bigcap_{i=1}^{n} U_i = \{v \in V \mid v \in U_i,\ i = 1, 2, \cdots, n\}$$

는 벡터공간 V의 부분공간이다.

증명 임의의 벡터 $v_1, v_2 \in \bigcap_{i=1}^{n} U_i$ 와 $a \in F$에 대하여

$$v_1, v_2 \in U_i, \qquad i = 1, 2, \cdots, n$$

이고 모든 i에 대하여 U_i는 V의 부분공간이므로

$$v_1 + v_2 \in U_i, \qquad av_1 \in U_i, \qquad i = 1, 2, \cdots, n$$

이다. 그러므로

$$v_1 + v_2 \in \bigcap_{i=1}^{n} U_i, \qquad av_1 \in \bigcap_{i=1}^{n} U_i$$

이다. 따라서 $\bigcap_{i=1}^{n} U_i$는 벡터공간 V의 부분공간이다. ◪

정의

체 F 위에서 정의된 벡터공간 V에 속하는 벡터 $v_1, v_2, \cdots, v_n$와 스칼라 $a_i \in F$, $i = 1, 2, \cdots, n$에 대하여 벡터

$$\sum_{i=1}^{n} a_i v_i$$

를 $v_1, v_2, \cdots, v_n$ 의 **일차결합(linear combination)**이라고 한다.

정의

체 F 위에서 정의된 벡터공간 V에 속하는 벡터 $v_1, v_2, \cdots, v_n$가 스칼라 $a_i \in F,\ i=1,2,\cdots,n$에 대하여 다음 조건을 만족하면 $v_1, v_2, \cdots, v_n$를 **일차독립**(linearly independent)이라고 한다.

$$\sum_{i=1}^{n} a_i v_i = O \quad \Rightarrow \quad a_i = 0,\ \ i=1,2,\cdots,n$$

만일 $v_1, v_2, \cdots, v_n$이 일차독립이 아니면 **일차종속**(linearly dependent)이라고 한다.

예제 체 $F=\mathbb{R}$ 위에서 정의된 벡터공간 $V=\mathbb{R}^3$에 속하는 세 벡터 $(1,1,1)$, $(1,0,1)$, $(0,1,1)$은 일차독립이다.

예제 체 $F=\mathbb{R}$ 위에서 정의된 벡터공간

$$V=\mathbb{R}_2[x]=\left\{\sum_{i=0}^{2} a_i x^i \mid a_i \in \mathbb{R},\ i=0,1,2\right\}$$

에 속하는 세 벡터 1, x, x^2은 일차독립이다.

정리

체 F 위에서 정의된 벡터공간 V에 속하는 벡터 $v_1, v_2, \cdots, v_n$에 대하여 집합

$$S=\left\{\sum_{i=1}^{n} a_i v_i \mid a_i \in F,\ i=1,2,\cdots,n\right\}$$

는 V의 부분공간이다.

증명 임의의 두 벡터 $\sum_{i=1}^{n} a_i v_i$, $\sum_{i=1}^{n} b_i v_i \in S$ $(a_i, b_i \in F,\ i=1,2,\cdots,n)$와 스칼라 $a \in F$에 대하여

$$\sum_{i=1}^{n} a_i v_i + \sum_{i=1}^{n} b_i v_i = \sum_{i=1}^{n} (a_i + b_i) v_i \in S,$$

$$a \sum_{i=1}^{n} a_i v_i = \sum_{i=1}^{n} (aa_i) v_i \in S$$

이므로 S는 V의 부분공간이다. ◪

예제 체 $\mathbb{R}$ 위에서 정의된 벡터공간 $\mathbb{R}_3[x]$에 속하는 벡터 $2, x, x^3$에 대하여 집합

$$S = \{2a + bx + cx^3 \mid a, b, c \in \mathbb{R}\}$$

는 $\mathbb{R}_3[x]$의 부분공간이다.

정의

체 F 위에서 정의된 벡터공간 V에 속하는 벡터 $v_1, v_2, \cdots, v_n$의 일차결합으로 이루어진 V의 부분공간

$$S = \left\{ \sum_{i=1}^{n} a_i v_i \mid a_i \in F,\ i = 1, 2, \cdots, n \right\}$$

를 벡터 $v_1, v_2, \cdots, v_n$으로 생성된 부분공간이라고 하고 $span\{v_1, v_2, \cdots, v_n\}$으로 나타낸다. 이때, 벡터 $v_1, v_2, \cdots, v_n$는 부분공간 S를 생성한다고 한다.

참고 $X = \{v_1, v_2, \cdots, v_n\}$일 때 간단히 $span\{v_1, v_2, \cdots, v_n\} = span(X)$로 나타내기도 한다.

예제 체 $F = \mathbb{R}$ 위에서 정의된 벡터공간 $V = \mathbb{R}^3$에 대하여

$$\mathbb{R}^3 = span\{(1, 0, 0), (0, 1, 0), (0, 0, 1)\}$$

예제 체 $F = \mathbb{R}$ 위에서 정의된 벡터공간 $V = \mathbb{R}_2[x]$에 대하여

$$\mathbb{R}_2[x] = span\{1, x, x^2\}$$

정의

체 F 위에서 정의된 벡터공간 V의 부분집합 $\mathcal{B} = \{v_1, v_2, \cdots, v_n\}$가 다음 두 조건을 만족시키면 $\mathcal{B}$를 벡터공간 V의 기저(basis)라고 한다.

(1) $v_1, v_2, \cdots, v_n$는 일차독립이다.

(2) $V = span\{v_1, v_2, \cdots, v_n\}$

만일 $V = \{O\}$이면 V의 기저는 $\mathcal{B} = \varnothing$으로 정의한다.

참고 벡터공간의 기저는 유일하지 않다.

예제 체 $F = \mathbb{R}$ 위에서 정의된 벡터공간 $V = \mathbb{R}^2$에 속하는 두 벡터 $(1, 0), (0, 1)$은 일차독립이고

$$\mathbb{R}^2 = span\{(1, 0), (0, 1)\}$$

이므로 집합 $\mathcal{B}_1 = \{(1, 0), (0, 1)\}$는 $\mathbb{R}^2$의 기저이다.

한편 두 벡터 $(1, 1), (-1, 1)$은 일차독립이고

$$\mathbb{R}^2 = span\{(1, 1), (-1, 1)\}$$

이므로 집합 $\mathcal{B}_2 = \{(1, 1), (-1, 1)\}$ 또한 $\mathbb{R}^2$의 기저이다.

그러므로 $\mathbb{R}^2$의 기저는 유일하지 않음을 알 수 있다.

예제 체 $F = \mathbb{R}$ 위에서 정의된 벡터공간 $V = \mathbb{R}^n$에 속하는 n개의 벡터 $e_1, e_2, \cdots, e_n$ (단, e_i는 i번째 성분이 1이고, 나머지 성분은 모두 0인 벡터이다.)는 일차독립이고

$$\mathbb{R}^n = span\{e_1, e_2, \cdots, e_n\}$$

이다. 따라서 집합 $\mathcal{B} = \{e_1, e_2, \cdots, e_n\}$는 $\mathbb{R}^n$의 기저이다.

이때, $\mathcal{B} = \{e_1, e_2, \cdots, e_n\}$를 $\mathbb{R}^n$의 표준기저(standard basis)라고 한다.

예제 체 $F=\mathbb{R}$ 위에서 정의된 벡터공간

$$V=\mathbb{R}_3[x]=\left\{\sum_{i=0}^{3}a_ix^i \mid a_i\in\mathbb{R},\ i=0,1,2,3\right\}$$

에 속하는 4개의 벡터 $1, x, x^2, x^3$는 일차독립이고

$$\mathbb{R}_3[x] = span\{1, x, x^2, x^3\}$$

이다. 따라서 집합 $\mathcal{B}=\{1, x, x^2, x^3\}$는 $\mathbb{R}_3[x]$의 기저이다.

정리

체 F 위에서 정의된 벡터공간 V의 부분집합 $\mathcal{B}=\{v_1, v_2, \cdots, v_n\}$가 V의 기저이면 $n<m$인 자연수 m에 대하여 V에 속하는 m개의 벡터 $u_1, u_2, \cdots, u_m$은 일차종속이다.

증명 스칼라 $a_i\in F$에 대하여 $\sum_{i=1}^{m}a_iu_i = O$이라고 가정하자. $\mathcal{B}=\{v_1, v_2, \cdots, v_n\}$는 V의 기저이므로 적당한 스칼라 $b_{ji}\in F$ $(i=1,2,\cdots,m,\quad j=1,2,\cdots,n)$가 존재하여

$$u_i = \sum_{j=1}^{n}b_{ji}v_j,\quad i=1,2,\cdots,m$$

이다. 따라서

$$\sum_{i=1}^{m}a_iu_i = \sum_{i=1}^{m}a_i\left(\sum_{j=1}^{n}b_{ji}v_j\right) = \sum_{i=1}^{m}\left(\sum_{j=1}^{n}a_ib_{ji}v_j\right) = O$$

이므로

$$\sum_{i=1}^{m}(a_ib_{1i})v_1 + \sum_{i=1}^{m}(a_ib_{2i})v_2 + \cdots + \sum_{i=1}^{m}(a_ib_{ni})v_n = O$$

이다. 그런데 $\mathcal{B}=\{v_1, v_2, \cdots, v_n\}$는 V의 기저이므로

$$\sum_{i=1}^{m}a_ib_{1i}=0,\quad \sum_{i=1}^{m}a_ib_{2i}=0,\quad \cdots,\quad \sum_{i=1}^{m}a_ib_{ni}=0$$

이다. 따라서 다음 일차연립방정식

$$\begin{cases} b_{11}a_1 + b_{12}a_2 + \cdots + b_{1m}a_m = 0 \\ b_{21}a_1 + b_{22}a_2 + \cdots + b_{2m}a_m = 0 \\ \qquad\qquad \vdots \\ b_{n1}a_1 + b_{n2}a_2 + \cdots + b_{nm}a_m = 0 \end{cases}$$

을 얻을 수 있고 가정에 의하여 $n < m$이므로 일차연립방정식은 해

$$X = (a_1, a_2, \cdots, a_m) \neq (0, 0, \cdots, 0)$$

를 갖는다.

즉, $\sum_{i=1}^{m} a_i u_i = O$을 만족하는 적어도 하나는 0이 아닌 스칼라 $a_t \in F$가 존재하므로 벡터 $u_1, u_2, \cdots, u_m$은 일차종속이다. ◪

정리

체 F 위에서 정의된 벡터공간 V의 부분집합 $\mathscr{B}_1 = \{u_1, u_2, \cdots, u_m\}$과 $\mathscr{B}_2 = \{v_1, v_2, \cdots, v_n\}$가 V의 기저이면 $m = n$이다.

증명 $\mathscr{B}_1 = \{u_1, u_2, \cdots, u_m\}$가 V의 기저이고 벡터 $v_1, v_2, \cdots, v_n$이 일차독립이므로 $n \leq m$이다. 또한 $\mathscr{B}_2 = \{v_1, v_2, \cdots, v_n\}$가 V의 기저이고 벡터 $u_1, u_2, \cdots, u_m$이 일차독립이므로 $m \leq n$이다. 따라서 $m = n$이다. ◪

정의

체 F 위에서 정의된 벡터공간 V의 부분집합 $\mathscr{B} = \{v_1, v_2, \cdots, v_n\}$가 V의 기저일 때 $\mathscr{B}$에 속한 벡터의 개수 n을 V의 **차원**(dimension)이라고 하고 다음과 같이 나타낸다.

$$\dim_F V = n \qquad (\text{또는 } \dim V = n)$$

이때 V를 n**차원 벡터공간**(n dimensional vector space)이라고 한다. 또한 V가 n

차원 벡터공간이면 V를 유한차원 벡터공간(finite dimensional vector space)이라고 하고 V가 유한차원 벡터공간이 아닐 때 V를 무한차원 벡터공간(infinite dimensional vector space)이라고 한다.

참고 $V=\{O\}$이면 기저는 $\mathscr{B} = \varnothing$이고 $\dim_F V = 0$으로 정의한다.

예제 $\mathscr{B} = \{e_1, e_2, \cdots, e_n\}$는 체 $F=\mathbb{R}$ 위에서 정의된 벡터공간 $V=\mathbb{R}^n$의 기저이다. 따라서 $\dim_{\mathbb{R}} \mathbb{R}^n = n$이다.

예제 $\mathscr{B} = \{1, x, x^2, x^3\}$는 체 $F=\mathbb{R}$ 위에서 정의된 벡터공간 $V=\mathbb{R}_3[x]$의 기저이다. 따라서 $\dim_{\mathbb{R}} \mathbb{R}_3[x] = 4$이다.

예제 $\mathscr{B}_1 = \{1, i\}$는 체 $F=\mathbb{R}$ 위에서 정의된 벡터공간 $V=\mathbb{C}$의 기저이다. 따라서 체 $F=\mathbb{R}$ 위에서 $V=\mathbb{C}$의 차원은

$$\dim_{\mathbb{R}} \mathbb{C} = 2$$

한편 $\mathscr{B}_2 = \{1\}$는 체 $F=\mathbb{C}$ 위에서 정의된 벡터공간 $V=\mathbb{C}$의 기저이다. 따라서 체 $F=\mathbb{C}$ 위에서 $V=\mathbb{C}$의 차원은

$$\dim_{\mathbb{C}} \mathbb{C} = 1$$

정리

체 F 위에서 정의된 n차원 벡터공간 V에 속하는 벡터 $v_1, v_2, \cdots, v_t$ $(t<n)$가 일차독립이라고 가정하면 적당한 벡터 $v_{t+1}, \cdots, v_n \in V$가 존재하여 집합 $\mathscr{B} = \{v_1, v_2, \cdots, v_n\}$는 V의 기저가 된다.

증명 V가 n차원 벡터공간이고 $t<n$이므로 $\mathscr{B}_1 = \{v_1, v_2, \cdots, v_t\}$는 V의 기저가 아니다. 따라서 $\mathscr{B}_1 = \{v_1, v_2, \cdots, v_t\}$은 V를 생성할 수 없으므로 적당한 벡터 $v_{t+1} \in V$가 존재하여

$$v_{t+1} \notin span\{v_1, v_2, \cdots, v_t\}$$

이다. 그러면 $v_1, v_2, \cdots, v_t, v_{t+1}$는 일차독립임을 다음과 같이 보일 수 있다.
만일 적당한 $a_i \in F$, $i=1,2,\cdots,t+1$가 존재하여

$$\sum_{i=1}^{t+1} a_i v_i = O$$

이라고 가정하면 $\sum_{i=1}^{t} a_i v_i = -a_{t+1} v_{t+1}$ 이다.
여기서 $a_{t+1} \neq 0$이면 $v_{t+1} = -(a_{t+1})^{-1} \sum_{i=1}^{t} a_i v_i$이므로

$$v_{t+1} \in span\{v_1, v_2, \cdots, v_t\}$$

이 되어 모순을 얻는다. 따라서 $a_{t+1}=0$이므로 $\sum_{i=1}^{t} a_i v_i = O$이다.
그런데 벡터 $v_1, v_2, \cdots, v_t$는 일차독립이므로 $a_i = 0$, $i=1,2,\cdots,t$이다.
그러므로 모든 $i=1,2,\cdots,t+1$에 대하여 $a_i = 0$이다.
즉, $v_1, v_2, \cdots, v_t, v_{t+1}$는 일차독립이다. 만일

$$V = span\{v_1, v_2, \cdots, v_t, v_{t+1}\}$$

이면 V의 부분집합

$$\mathcal{B}_2 = \{v_1, v_2, \cdots, v_t, v_{t+1}\}$$

는 V의 기저가 된다. 만일

$$V \neq span\{v_1, v_2, \cdots, v_t, v_{t+1}\}$$

이면 적당한 벡터 $v_{t+2} \in V$가 존재하여

$$v_{t+2} \notin span\{v_1, v_2, \cdots, v_t, v_{t+1}\}$$

이다. 그런데 위와 같은 이유에서 $v_1, v_2, \cdots, v_{t+1}, v_{t+2}$는 일차독립이므로 만일

$$V = span\{v_1, v_2, \cdots, v_{t+1}, v_{t+2}\}$$

이면 V의 부분집합

$$\mathcal{B}_2 = \{v_1, v_2, \cdots, v_{t+1}, v_{t+2}\}$$

는 V의 기저가 된다. 만일

$$V \neq span\{v_1, v_2, \cdots, v_{t+1}, v_{t+2}\}$$

이면 이와 같은 과정을 반복하여 적당한 벡터 $v_i \in V$, $i = t+1, t+2, \cdots, n$가 존재하여 집합 $\mathcal{B} = \{v_1, v_2, \cdots, v_n\}$가 V의 기저임을 증명할 수 있다. ◪

정리

체 F 위에서 정의된 n차원 벡터공간 V의 부분공간 W에 대하여 다음이 성립한다.

$$\dim_F V = \dim_F W \quad \Leftrightarrow \quad V = W$$

증명 우선 $\dim_F V = \dim_F W$라고 가정하자. 만일 $V \neq W$이라면 적당한 벡터 $v \in V - W$가 존재한다. 한편, 집합 $\mathcal{B} = \{w_1, w_2, \cdots, w_n\}$를 W의 기저라고 놓으면 벡터 $w_1, w_2, \cdots, w_n \in V$는 일차독립이고 $\dim_F V = \dim_F W$이므로 집합 $\mathcal{B} = \{w_1, w_2, \cdots, w_n\}$는 V의 기저이다. 따라서

$$v \in span\{w_1, w_2, \cdots, w_n\}$$

이므로 $v \in W$이다. 이는 $v \in V - W$에 모순이므로 $V = W$가 성립한다.
역으로, $V = W$라고 가정할 때 $\dim_F V = \dim_F W$임은 명백하다. ◪

정리

체 F 위에서 정의된 n차원 벡터공간 V의 부분공간 U와 W에 대하여 다음 관계가 성립한다.

$$\dim_F(U + W) = \dim_F U + \dim_F W - \dim_F(U \cap W)$$

증명 다음과 같이 3가지 경우로 나누어 증명한다.

(1) $U = \{O\}$인 경우 : $U + W = W$, $U \cap W = \{O\}$이므로

$$\dim_F(U + W) = \dim_F W, \qquad \dim_F(U \cap W) = 0$$

이다. 또한 $\dim_F U = 0$이므로 정리가 성립한다.

(2) $W=\{O\}$인 경우 : $U+W=U$, $U\cap W=\{O\}$이므로

$$\dim_F(U+W) = \dim_F U \text{ 이고 } \dim_F(U\cap W)=0$$

이다. 또한 $\dim_F W=0$이므로 정리가 성립한다.

(3) $\{O\}\subsetneq U$이고 $\{O\}\subsetneq W$ 인 경우 :

(i) $U\cap W=\{O\}$: 집합 $\mathscr{B}_1=\{u_1,u_2,\cdots,u_t\}$과 $\mathscr{B}_2=\{w_1,w_2,\cdots,w_s\}$를 각각 U와 W의 기저라고 놓자. 그러면 집합

$$\mathscr{B} = \mathscr{B}_1\cup\mathscr{B}_2 = \{u_1,u_2,\cdots,u_t,w_1,w_2,\cdots,w_s\}$$

가 $U+W$의 기저가 됨을 보이면 충분하다.

우선 $t+s$개의 벡터 $u_1,u_2,\cdots,u_t,w_1,w_2,\cdots,w_s$가 일차독립임을 보이자. 적당한 스칼라 a_i, b_j $(i=1,2,\cdots,t,\quad j=1,2,\cdots,s)$에 대하여

$$\sum_{i=1}^{t}a_iu_i + \sum_{j=1}^{s}b_jw_j = O$$

이라고 가정하면

$$\sum_{i=1}^{t}a_iu_i = -\sum_{j=1}^{s}b_jw_j \in U\cap W = \{O\}$$

이므로

$$\sum_{i=1}^{t}a_iu_i = -\sum_{j=1}^{s}b_jw_j = O$$

이다. 그런데 $u_1,u_2,\cdots,u_t$는 일차독립이고 $w_1,w_2,\cdots,w_s$도 일차독립이므로

$$a_i=0,\ b_j=0 \qquad (i=1,2,\cdots,t,\quad j=1,2,\cdots,s)$$

이다. 즉, $t+s$개의 벡터 $u_1,u_2,\cdots,u_t,w_1,w_2,\cdots,w_s$는 일차독립이다.

이제 임의의 벡터 $u+w\in U+W$, $(u\in U,\ w\in W)$를 택하면 $\mathscr{B}_1$과 $\mathscr{B}_2$가 각각 U, W의 기저이므로 적당한 스칼라 $c_i, d_j\in F$가 존재하여

$$u=\sum_{i=1}^{t}c_iu_i,\quad w=\sum_{j=1}^{s}d_jw_j$$

로 나타낼 수 있다. 따라서

$$u+w = \sum_{i=1}^{t} c_i u_i + \sum_{j=1}^{s} d_j w_j$$

이므로 $u+w$는 $t+s$개의 벡터 $u_1, u_2, \cdots, u_t, w_1, w_2, \cdots, w_s$의 일차결합으로 나타낼 수 있다. 결과적으로

$$\mathcal{B} = \mathcal{B}_1 \cup \mathcal{B}_2 = \{u_1, u_2, \cdots, u_t, w_1, w_2, \cdots, w_s\}$$

는 $U+W$의 기저가 된다. 따라서

$$\dim_F(U+W) = t+s = \dim_F U + \dim_F W,$$
$$\dim_F(U \cap W) = 0$$

이므로 등식

$$\dim_F(U+W) = \dim_F U + \dim_F W - \dim_F(U \cap W)$$

이 성립한다.

(ii) $U \cap W \neq \{O\}$: 만일 $U \subset W$ (또는 $W \subset U$)이라고 가정하면

$$U \cap W = U \text{ (또는 } U \cap W = W\text{)},$$
$$U + W = W \text{ (또는 } U + W = U\text{)}$$

이므로 등식

$$\dim_F(U+W) = \dim_F U + \dim_F W - \dim_F(U \cap W)$$

이 성립한다.

이제 $U \not\subseteq W$이라고 가정하고 $\mathcal{B} = \{v_1, v_2, \cdots, v_m\}$를 $U \cap W$의 기저, $\dim_F U = t$, $\dim_F W = s$라고 가정하자. 그러면 적당한 벡터

$$u_1, u_2, \cdots, u_{t-m}, w_1, w_2, \cdots, w_{s-m}$$

가 존재하여

$$\mathcal{B}_1 = \{v_1, v_2, \cdots, v_m, u_1, u_2, \cdots, u_{t-m}\}$$

은 U의 기저이고

$$\mathcal{B}_2 = \{v_1, v_2, \cdots, v_m, w_1, w_2, \cdots, w_{s-m}\}$$

는 W의 기저가 된다. 따라서

$$\mathcal{B}_3 = \mathcal{B}_1 \cup \mathcal{B}_2 = \{v_1, v_2, \cdots, v_m, u_1, u_2, \cdots, u_{t-m}, w_1, w_2, \cdots, w_{s-m}\}$$

가 $U+W$의 기저가 됨을 보이면 정리가 증명이 된다.
우선 $t+s-m$개의 벡터

$$v_1, v_2, \cdots, v_m, u_1, u_2, \cdots, u_{t-m}, w_1, w_2, \cdots, w_{s-m}$$

가 일차독립임을 보이기 위하여 적당한 스칼라

$$a_i, b_j, c_k, \qquad (1 \le i \le m,\ 1 \le j \le t-m,\ 1 \le k \le s-m)$$

에 대하여

$$\sum_{i=1}^{m} a_i v_i + \sum_{j=1}^{t-m} b_j u_j + \sum_{k=1}^{s-m} c_k w_k = O$$

이라고 가정하자. 그러면

$$\sum_{i=1}^{m} a_i v_i + \sum_{j=1}^{t-m} b_j u_j = -\sum_{k=1}^{s-m} c_k w_k \in U \cap W$$

이므로

$$\sum_{i=1}^{m} a_i v_i + \sum_{j=1}^{t-m} b_j u_j = \sum_{i=1}^{m} d_i v_i$$

인 스칼라 $d_i \in F$, $i = 1, 2, \cdots, m$가 존재한다. 따라서

$$\sum_{i=1}^{m} (a_i - d_i) v_i + \sum_{j=1}^{t-m} b_j u_j = O$$

이고 $\mathcal{B}_1 = \{v_1, v_2, \cdots, v_m, u_1, u_2, \cdots, u_{t-m}\}$은 U의 기저이므로

$$a_i - d_i = 0,\ b_j = 0, \quad (1 \le i \le m,\ 1 \le j \le t-m)$$

이다. 즉

$$\sum_{i=1}^{m} a_i v_i + \sum_{k=1}^{s-m} c_k w_k = O$$

이다. 그런데 $\mathcal{B}_2 = \{v_1, v_2, \cdots, v_m, w_1, w_2, \cdots, w_{s-m}\}$는 W의 기저이므로

$$a_i = 0,\ c_k = 0, \qquad (1 \le i \le m,\ 1 \le k \le s-m)$$

이다. 따라서

$$v_1, v_2, \cdots, v_m, u_1, u_2, \cdots, u_{t-m}, w_1, w_2, \cdots, w_{s-m}$$

는 일차독립이다.

또한 집합

$$\mathscr{B}_1 = \{v_1, v_2, \cdots, v_m, u_1, u_2, \cdots, u_{t-m}\}$$

는 U의 기저이고 집합

$$\mathscr{B}_2 = \{v_1, v_2, \cdots, v_m, w_1, w_2, \cdots, w_{s-m}\}$$

는 W의 기저이므로 임의의 벡터 $u \in U$, $w \in W$에 대하여 $u + w$가 $t+s-m$개의 벡터 $v_1, v_2, \cdots, v_m, u_1, u_2, \cdots, u_{t-m}, w_1, w_2, \cdots, w_{s-m}$의 일차결합으로 나타낼 수 있다는 것은 명백하다. 따라서

$$\mathscr{B}_3 = \mathscr{B}_1 \cup \mathscr{B}_2$$

는 $U + W$의 기저이다. 그러므로 등식

$$\begin{aligned} \dim_F(U+W) &= t+s-m \\ &= \dim_F U + \dim_F W - \dim_F(U \cap W) \end{aligned}$$

이 성립한다. ◪

연습문제

1. 체 $F=\mathbb{R}$ 위에서 정의된 벡터공간 $V=\mathbb{R}^2$의 부분공간 $W=\{(-a, 2a) \mid a \in \mathbb{R}\}$의 기저와 차원 $\dim_F W$을 구하시오.

2. 체 $F=\mathbb{R}$ 위에서 정의된 벡터공간 $V=\mathbb{R}^3$의 부분공간 $W=\{(b, a+b, a) \mid a, b \in \mathbb{R}\}$의 기저와 차원 $\dim_F W$을 구하시오.

3. 집합 $\mathscr{B}=\{v_1, v_2, \cdots, v_n\}$가 체 F 위에서 정의된 벡터공간 V의 기저일 때 스칼라 $a \neq 0 \in F$에 대하여 집합 $a\mathscr{B}=\{av_1, av_2, \cdots, av_n\}$가 V의 기저가 되는지 판정하고 이를 증명하시오.

4. 체 F 위에서 정의된 n차원 벡터공간 V에 속하는 $n-1$개의 벡터들로 이루어진 집합 $\mathscr{B}=\{v_1, v_2, \cdots, v_{n-1}\}$는 V의 기저가 되는지 판정하고 이를 증명하시오.

5. 체 F 위에서 정의된 n차원 벡터공간 V에 속하는 $n+1$개의 벡터들로 이루어진 집합 $\mathscr{B}=\{v_1, v_2, \cdots, v_{n+1}\}$는 V의 기저가 되는지를 판정하고 이를 증명하시오.

6. 체 F 위에서 정의된 유한차원 벡터공간 V의 부분공간 U, W에 대하여 다음 조건이 모두 성립할 때 $\dim_F(U+W)$를 구하시오.

$$\dim_F U = 25, \qquad \dim_F W = 14, \qquad \dim_F(U \cap W) = 7$$

CHAPTER

4

분해체
(Splitting Fields)

이 장에서는 다항식의 분해체의 성질과 주어진 동형사상을 단순확대체의 동형사상으로 확대하는 방법에 대해서 살펴본다.

정의

체 F와 F의 확대체 E에 대하여 다항식 $f(x) \in F[x] - F$를 적당한 일차다항식 $a_i x + b_i \in E[x]$에 대하여

$$f(x) = \sum_{i=1}^{n} (a_i x + b_i)$$

으로 나타낼 수 있으면 $f(x)$는 E 내에서 **분해(split)**된다고 한다.

예제 다항식 $f(x) = x^2 - 1 \in \mathbb{Q}[x]$는 일차다항식 $x+1,\ x-1 \in \mathbb{Q}[x]$에 대하여 $f(x) = (x+1)(x-1)$으로 나타낼 수 있으므로 $f(x)$는 $\mathbb{Q}$ 내에서 분해된다.

또한 $x+1,\ x-1 \in \mathbb{R}[x]$이므로 $f(x)$는 $\mathbb{R}$ 내에서 분해된다.

예제 다항식 $f(x) = x^2 - 5 \in \mathbb{Q}[x]$는 일차다항식 $x + \sqrt{5},\ x - \sqrt{5} \in \mathbb{R}[x]$에 대하여 $f(x) = (x + \sqrt{5})(x - \sqrt{5})$으로 나타낼 수 있으므로 $f(x)$는 $\mathbb{R}$ 내에서 분해된다.

한편 $f(x) = (ax+b)(cx+d)$를 만족시키는 적당한 일차다항식 $ax+b,\ cx+d \in \mathbb{Q}[x]$는 존재하지 않는다. 따라서 $f(x)$는 $\mathbb{Q}$ 내에서 분해되지 않는다.

예제 다항식 $f(x) = x^2 + 5 \in \mathbb{R}[x]$는 일차다항식 $x + \sqrt{5}\,i,\ x - \sqrt{5}\,i \in \mathbb{C}[x]$에 대하여 $f(x) = (x + \sqrt{5}\,i)(x - \sqrt{5}\,i)$으로 나타낼 수 있으므로 $f(x)$는 $\mathbb{C}$ 내에서 분해된다.

예제 다항식 $f(x) = x^2 + 5 \in \mathbb{R}[x]$는 $\mathbb{R}$ 내에서 분해되지 않는다는 것을 다음과 같이 증명할 수 있다.

만일 $f(x)$가 $\mathbb{R}$ 내에서 분해된다고 가정하면 $f(x) = (a_1 x + b_1)(a_2 x + b_2)$인 일차다항식 $a_1 x + b_1,\ a_2 x + b_2 \in \mathbb{R}[x]$가 존재한다. 따라서

$$a_1a_2 = 1, \quad a_1b_2 + a_2b_1 = 0, \quad b_1b_2 = 5$$

이다. 그러므로 $a_1 = \dfrac{1}{a_2}$, $b_1 = \dfrac{5}{b_2}$이고 이를 $a_1b_2 + a_2b_1 = 0$에 대입하면 $\dfrac{b_2}{a_2} + \dfrac{5a_2}{b_2} = 0$이다. 따라서 $5a_2^2 + b_2^2 = 0$이므로 $a_2 = 0 = b_2$이다. 즉, $f(x) = (a_1x + b_1)(a_2x + b_2) = 0$이 되어 모순을 얻는다. 결과적으로 $f(x)$는 $\mathbb{R}$ 내에서 분해될 수 없다.

예제 다항식 $f(x) = x^7 - x \in \mathbb{Z}_3[x]$에 대하여 $f(x)$는 다음과 같이 $\mathbb{Z}_3$ 내에서 분해된다.

$$\begin{aligned} f(x) &= x^7 - x = x(x^6 - 1) \\ &= x(x^3 - 1)(x^3 + 1) \\ &= x(x - 1)^3(x + 1)^3 \end{aligned}$$

정의

체 F에 대하여 $f(x) \in F[x] - F$일 때 F의 확대체 E가 다음 조건을 모두 만족시키면 E를 F 위에서 $f(x)$의 **분해체(splitting field)**라고 한다.

(1) $f(x)$는 E 내에서 분해된다.

(2) $F \subset K \subset E$인 체 K에 대하여 $f(x)$가 K 내에서 분해되면 $K = E$이다.

예제 다항식 $f(x) = x^2 - 4 \in \mathbb{Q}[x]$에 대하여 다음이 성립한다.

(1) 일차다항식 $x + 2, x - 2 \in \mathbb{Q}[x]$에 대하여 $f(x) = (x + 2)(x - 2)$이므로 $f(x)$는 $\mathbb{Q}$ 내에서 분해된다.

(2) $\mathbb{Q} \subset K \subset \mathbb{Q}$인 체 K는 $K = \mathbb{Q}$이다.

그러므로 $\mathbb{Q}$는 $\mathbb{Q}$ 위에서 $f(x)$의 분해체이다.

예제 다항식 $f(x) = x^2 - 4 \in \mathbb{Q}[x]$는 일차다항식 $x + 2, x - 2 \in \mathbb{C}[x]$에 대하여 $f(x) = (x + 2)(x - 2)$으로 나타낼 수 있으므로 $f(x)$는 $\mathbb{C}$ 내에서 분해된다. 그런데 $\mathbb{Q} \subsetneq K \subsetneq \mathbb{C}$인 체 $K = \mathbb{R}$에 대하여 $f(x)$가 K 내에서 분해되므로 $\mathbb{C}$는 $\mathbb{Q}$ 위에서 $f(x)$의 분해체가 될 수 없다.

예제 다항식 $f(x)=x^2-5\in\mathbb{Q}[x]$는 일차다항식 $x+\sqrt{5}$, $x-\sqrt{5}\in\mathbb{R}[x]$에 대하여 $f(x)=(x+\sqrt{5})(x-\sqrt{5})$으로 나타낼 수 있으므로 $f(x)$는 $\mathbb{R}$ 내에서 분해된다.

그런데 $K=\{a+b\sqrt{5}\mid a,b\in\mathbb{Q}\}$는 체이고 $x+\sqrt{5}$, $x-\sqrt{5}\in K[x]$이므로 $f(x)$는 체 K 내에서 분해된다.

한편 $\mathbb{Q}\subset K\subset\mathbb{R}$이고 $\mathbb{R}\neq K$이므로 $\mathbb{R}$은 $\mathbb{Q}$ 위에서 $f(x)$의 분해체가 아니다.

또한 체 L이 $\mathbb{Q}\subset L\subset K$이고 다항식 $f(x)=x^2-5\in\mathbb{Q}[x]$가 L 위에서 분해된다고 가정하면 $\sqrt{5}\in L$이므로 $L=K$이다. 따라서 K는 $\mathbb{Q}$ 위에서 $f(x)$의 분해체이다.

예제 다항식 $f(x)=x^2+5\in\mathbb{Q}[x]$는 $\mathbb{R}$ 내에서 분해되지 않으므로 $\mathbb{R}$은 $\mathbb{Q}$ 위에서 $f(x)$의 분해체가 아니다.

예제 다항식 $f(x)=x^2+25\in\mathbb{Q}[x]$는 체 $K=\{a+bi\mid a,b\in\mathbb{Q}\}$와 일차다항식 $x+5i$, $x-5i\in K[x]$에 대하여 $f(x)=(x+5i)(x-5i)$로 나타낼 수 있으므로 $f(x)$는 체 K 내에서 분해된다.

그런데 $\mathbb{Q}\subset K\subset\mathbb{C}$이고 $\mathbb{C}\neq K$이므로 $\mathbb{C}$는 $\mathbb{Q}$ 위에서 $f(x)$의 분해체가 아니다.

정의

체 F와 F의 확대체 E에 대하여 적당한 다항식 $f_i(x)\in F[x]-F$, $i\in I$가 존재하여 E가 다음 조건을 모두 만족시키면 E는 F 위에서 분해체(splitting field)라고 한다.

(1) 모든 $i\in I$에 대하여 $f_i(x)$는 E 내에서 분해된다.

(2) $F\subset K\subset E$인 체 K에 대하여 모든 $f_i(x)$, $i\in I$가 K 내에서 분해되면 $K=E$이다.

예제 $\mathbb{Q}[x]$에 속하는 두 다항식 $f(x)=x^2-3$과 $g(x)=x^2-4$는 모두 체 $\mathbb{Q}(\sqrt{3})$ 내에서 분해된다. 또한 $\mathbb{Q}\subset K\subset\mathbb{Q}(\sqrt{3})$인 체 K에 대하여 $f(x)$와 $g(x)$가 모두 K 내에서 분해된다고 가정하면 $\sqrt{3}\in K$이므로 $K=\mathbb{Q}(\sqrt{3})$이다.

따라서 $\mathbb{Q}(\sqrt{3})$는 $\mathbb{Q}$ 위에서 분해체이다.

정리

F가 체이고 $f(x) \in F[x]-F$이면 체 F 위에서 $f(x)$의 분해체 E가 존재한다.

증명 다항식 $f(x)$의 차수를 n이라고 놓고 n에 대한 수학적 귀납법을 이용해 증명한다. 우선 $n=1$이면 적당한 원소 $a,b \in F$가 존재하여 $f(x)=ax+b$이다. 따라서 체 F 위에서 $f(x)$의 분해체는 F이다. 이제 차수가 $m<n$인 모든 다항식에 대하여 정리가 성립한다고 가정하자. 체 F의 적당한 확대체 E가 존재하여 $f(a)=0$을 만족시키는 원소 $a \in E$가 존재한다. 따라서 $f(x)=(x-a)g(x)$인 다항식 $g(x) \in E[x]$가 존재한다. 그러면 $g(x)$의 차수는 $f(x)$의 차수 n보다 작으므로 수학적 귀납법의 가정에 의하여 F 위에서 $g(x)$의 분해체 K가 존재한다. 그러므로 L을 K와 a를 포함하는 F의 최소의 확대체라고 놓으면 L은 F 위의 $f(x)$의 분해체가 된다. ◪

예제 $\mathbb{Q}[x]$에 속하는 다항식 $f(x)=x^2-5$에 대하여 체 $\mathbb{Q}$ 위에서 $f(x)$의 분해체 $E=\{a+b\sqrt{5} \mid a,b \in \mathbb{Q}\}$가 존재한다.

정의

체 F와 F의 확대체 E에 대하여 F와 원소 $a \in E$를 포함하는 가장 작은 체를 F의 **단순확대체(simple extension field)**라고 하고 $F(a)$로 나타낸다.

예제 체 $\mathbb{Q}$의 확대체 $K=\{a+b\sqrt{5} \mid a,b \in \mathbb{Q}\}$는 $\mathbb{Q}$와 원소 $\sqrt{5}$를 포함하는 체이다. 만일 L이 $\mathbb{Q}$와 원소 $\sqrt{5}$를 포함하는 체라면 임의의 유리수 $a,b \in \mathbb{Q}$에 대하여 $a+b\sqrt{5} \in L$이다. 따라서 $K \subset L$이므로 K는 $\mathbb{Q}$와 원소 $\sqrt{5}$를 포함하는 가장 작은 체이다. 그러므로 $K=\mathbb{Q}(\sqrt{5})$는 $\mathbb{Q}$의 단순확대체이다.

예제 체 $\mathbb{R}$의 확대체 $K=\{a+bi \mid a,b \in \mathbb{R}\}$는 $\mathbb{R}$과 원소 i를 포함하는 체이다. 만일 L이 $\mathbb{R}$과 원소 i를 포함하는 체라면 임의의 실수 $a,b \in \mathbb{R}$에 대하여 $a+bi \in L$이다. 따라서 $K \subset L$이므로 K는 $\mathbb{R}$과 원소 i를 포함하는 가장 작은 체이다. 그러므로 $K=\mathbb{R}(i)$는 $\mathbb{R}$의 단순확대체이다.

정의

체 F와 F의 확대체 E에 속한 원소 a_1에 대하여 체 $K=F(a_1)$와 원소 $a_2 \in E$를 포함하는 가장 작은 체는 $K(a_2)=F(a_1)(a_2)$이고 이를 $F(a_1, a_2)$로 나타낸다. 즉, $F(a_1, a_2)$는 체 F와 원소 $a_1, a_2 \in E$를 포함하는 가장 작은 체이다.

이와 같은 과정을 계속 반복하면 체 F와 원소 $a_1, a_2, \cdots, a_n \in E$를 포함하는 가장 작은 체를 $F(a_1, a_2, \cdots, a_n)$로 나타낸다.

예제 체 $\mathbb{Q}$와 $\mathbb{Q}$의 확대체 $\mathbb{R}$에 대하여 $\mathbb{Q}$와 원소 $\sqrt{5} \in \mathbb{R}$를 포함하는 가장 작은 체는 $K=\mathbb{Q}(\sqrt{5})$이고 $\mathbb{Q}$와 원소 $\sqrt{5}, \sqrt{11} \in \mathbb{R}$을 포함하는 가장 작은 체는 $L=\mathbb{Q}(\sqrt{5})(\sqrt{11})=\mathbb{Q}(\sqrt{5}, \sqrt{11})$이다.

정리

체 F와 차수가 n인 다항식 $f(x) \in F[x]-F$에 대하여 $a_1, a_2, \cdots, a_n$이 F의 확대체 E에 속하는 $f(x)$의 근이면 F 위에서 $f(x)$의 분해체는 $F(a_1, a_2, \cdots, a_n)$이다.

증명 체 F 위에서 다항식 $f(x)$의 분해체는 F의 확대체 중에서 $f(x)$를 분해하는 가장 작은 체이므로 $F(a_1, a_2, \cdots, a_n)$이다. ◪

예제 다항식 $f(x)=x^2-4 \in \mathbb{Q}[x]$의 근은 $x=2, x=-2$이므로 $\mathbb{Q}$ 위에서 $f(x)$의 분해체는 $\mathbb{Q}(2, -2)$이다. 그런데 $2, -2 \in \mathbb{Q}$이므로 $\mathbb{Q}(2, -2)=\mathbb{Q}$이고 결과적으로 $\mathbb{Q}$ 위에서 $f(x)$의 분해체는 $\mathbb{Q}$이다.

예제 다항식 $f(x)=x^2-5 \in \mathbb{Q}[x]$의 근은 $x=-\sqrt{5}, x=\sqrt{5}$이므로 $\mathbb{Q}$ 위에서 $f(x)$의 분해체는 $\mathbb{Q}(\sqrt{5}, -\sqrt{5})$이다. 그런데 $\mathbb{Q}(\sqrt{5}, -\sqrt{5})=\mathbb{Q}(\sqrt{5})$이므로 체 $\mathbb{Q}$ 위에서 $f(x)$의 분해체는 $\mathbb{Q}(\sqrt{5})$이다.

예제 다항식 $f(x)=x^3-1\in\mathbb{Q}[x]$의 근은

$$x=1,\quad x=\frac{-1+\sqrt{3}\,i}{2},\quad x=\frac{-1-\sqrt{3}\,i}{2}$$

이다.

따라서 $\mathbb{Q}$ 위에서 $f(x)$의 분해체는 $\mathbb{Q}\left(1,\frac{-1+\sqrt{3}\,i}{2},\frac{-1-\sqrt{3}\,i}{2}\right)=\mathbb{Q}(\sqrt{3}i)$이다.

예제 다항식 $f(x)=x^2+5\in\mathbb{Q}[x]$의 근은 $x=\sqrt{5}\,i$, $x=-\sqrt{5}\,i$이므로 $\mathbb{Q}$ 위에서 $f(x)$의 분해체는 $\mathbb{Q}(\sqrt{5}\,i,-\sqrt{5}\,i)$이다. 그런데 $\mathbb{Q}(\sqrt{5}\,i,-\sqrt{5}\,i)=\mathbb{Q}(\sqrt{5}\,i)$이므로 $\mathbb{Q}$ 위에서 $f(x)$의 분해체는 $\mathbb{Q}(\sqrt{5}\,i)$이다.

예제 다항식 $f(x)=(x^2-5)(x^2+1)\in\mathbb{Q}[x]$의 근은 $x=\sqrt{5}$, $x=-\sqrt{5}$, $x=i$, $x=-i$이므로 $\mathbb{Q}$ 위에서 $f(x)$의 분해체는 $\mathbb{Q}(\sqrt{5},-\sqrt{5},i,-i)$이다. 그런데 $\mathbb{Q}(\sqrt{5},-\sqrt{5},i,-i)=\mathbb{Q}(\sqrt{5},i)$이므로 $\mathbb{Q}$ 위에서 $f(x)$의 분해체는 $\mathbb{Q}(\sqrt{5},i)$이다.

예제 다항식 $f(x)=(x^2-5)(x^2+1)\in\mathbb{R}[x]$의 근은 $x=\sqrt{5}$, $x=-\sqrt{5}$, $x=i$, $x=-i$이므로 $\mathbb{R}$ 위에서 $f(x)$의 분해체는 $\mathbb{R}(\sqrt{5},-\sqrt{5},i,-i)$이다. 그런데 $\sqrt{5}\in\mathbb{R}$ 이므로 $\mathbb{R}(\sqrt{5},-\sqrt{5},i,-i)=\mathbb{R}(i)$이다. 따라서 $\mathbb{R}$ 위에서 $f(x)$의 분해체는 $\mathbb{R}(i)=\mathbb{C}$ 이다.

정리

체 E가 체 F 위에서 다항식 $f(x)\in F[x]-F$의 분해체이고 $a\in E$가 $f(x)$의 근이면 원소 $b,c\in F$에 대하여 $F(a)=F(ab+c)$이다.

증명 $F(a)$는 체이고 $b,c\in F$이므로 $ab+c\in F(a)$이다. 그런데 체 $F(ab+c)$는 F와 원소 $ab+c$를 포함하는 가장 작은 체이므로 $F(ab+c)\subset F(a)$이다.

한편,

$$a=(ab+c)b^{-1}-cb^{-1}$$

이고 $(ab+c)b^{-1}, cb^{-1} \in F(ab+c)$이므로 $a \in F(ab+c)$이다.

또한 체 $F(a)$는 F와 a를 포함하는 가장 작은 체이므로 $F(a) \subset F(ab+c)$이다.

따라서 $F(a) = F(ab+c)$이다. ◪

예제 다항식 $f(x) = x^2 - 5 \in \mathbb{Q}[x]$에 대하여 체 $\mathbb{Q}$ 위에서 $f(x)$의 분해체는 $\mathbb{Q}(\sqrt{5})$이고 원소 $\sqrt{5} \in \mathbb{Q}(\sqrt{5})$가 다항식 $f(x)$의 근이므로 원소 $2, 3 \in \mathbb{Q}$에 대하여 $\mathbb{Q}(\sqrt{5}) = \mathbb{Q}(2\sqrt{5}+3)$이다.

정리

체 E가 체 F 위에서 차수가 n인 다항식 $f(x) \in F[x] - F$의 분해체이면 $a \in F$일 때 체 F 위에서 다항식 $f(x+a) \in F[x] - F$의 분해체는 E이다.

증명 체 E가 체 F 위에서 $f(x)$의 분해체이고 $f(x)$의 차수가 n이므로 $f(x)$의 근을 $a_1, a_2, \cdots, a_n \in E$이라고 놓으면

$$E = F(a_1, a_2, \cdots, a_n)$$

이다. 한편, $f(x+a)$의 근은 $a_1 - a,\ a_2 - a,\ \cdots,\ a_n - a \in E$이므로 체 F 위에서 다항식 $f(x+a)$의 분해체는

$$F(a_1 - a,\ a_2 - a,\ \cdots,\ a_n - a)$$

이다. 그런데 $a \in F$이므로

$$F(a_1 - a,\ a_2 - a,\ \cdots,\ a_n - a) = F(a_1, a_2, \cdots, a_n)$$

이다. 따라서 체 F 위에서 다항식 $f(x+a)$의 분해체는 E이다. ◪

예제 다항식 $f(x) = x^2 - 5 \in \mathbb{Q}[x]$에 대하여 $\mathbb{Q}$ 위에서 $f(x)$의 분해체는 $\mathbb{Q}(\sqrt{5})$이고 원소 $2 \in \mathbb{Q}$에 대하여 $f(x+2) = (x+2)^2 - 5 = x^2 + 4x - 1$의 분해체는 $\mathbb{Q}(\sqrt{5})$이다.

정리

체 F와 차수가 n인 기약다항식 $f(x) \in F[x]-F$에 대하여 a가 F의 확대체 E에 속하는 $f(x)$의 근일 때 다음 성질이 성립한다.

(1) $F[x]/\langle f(x)\rangle \cong F(a)$

(2) 임의의 원소 $b \in F(a)$는 적당한 원소 $b_i \in F,\ i=0,1,\cdots,n-1$에 대하여 $b=\sum_{i=0}^{n-1} b_i a^i$으로 유일하게 나타낼 수 있다.

증명 (1) 사상 $\phi : F[x] \to F(a)$를

$$\phi(g(x))=g(a), \qquad g(x) \in F[x]$$

로 정의하면 $g(x), h(x) \in F[x]$일 때

$$\phi(g(x)+h(x))=g(a)+h(a)=\phi(g(x))+\phi(h(x)),$$
$$\phi(g(x)h(x))=g(a)h(a)=\phi(g(x))\phi(h(x))$$

이다. 따라서 ϕ는 환준동형사상이다.

또한 $f(a)=0$이므로 $f(x) \in \ker\phi$이다. 따라서 $\langle f(x)\rangle \subset \ker\phi$이다. 그런데 $f(x)$는 기약다항식이므로 $\langle f(x)\rangle$는 $F[x]$의 극대아이디얼이다. 그러므로

$$\langle f(x)\rangle=\ker\phi \quad \text{또는} \quad \ker\phi=F[x]$$

이다. 그런데 $F \not\subset \ker\phi$이므로 $\ker\phi \neq F[x]$이다. 따라서

$$\langle f(x)\rangle=\ker\phi$$

이다. 그러므로

$$F[x]/\langle f(x)\rangle \cong \phi(F[x])$$

이다. 한편, $\phi(F[x])=F[a]$이고 $F[x]/\langle f(x)\rangle$는 체이므로 $F[a]$는 체이다. 따라서 $F[a]$는 체 F와 원소 a를 포함하는 체이고 $F(a)$는 체 F와 원소 a를 포함하는 가장 작은 체이므로

$$F[a]=F(a)$$

이다. 결과적으로

$$F[x]/\langle f(x)\rangle \cong F(a)$$

이 성립한다.

(2) 체 $F[x]/\langle f(x)\rangle$에 속하는 원소는 적당한 다항식 $g(x)\in F[x]$에 대하여 $g(x)+\langle f(x)\rangle$로 나타낼 수 있다. 또한 다항식 $g(x)$는 적당한 원소 $c_i\in F$, $i=0,1,\cdots,m$에 대하여 $g(x)=\sum_{i=0}^{m}c_ix^i$으로 나타낼 수 있다.

그런데 $f(x)$의 차수는 n이므로

$$g(x)+\langle f(x)\rangle=\sum_{i=0}^{n-1}b_ix^i+\langle f(x)\rangle$$

인 원소 $b_i\in F$, $i=0,1,\cdots,n-1$가 존재한다. 만일

$$g(x)+\langle f(x)\rangle=\sum_{i=0}^{n-1}b_ix^i+\langle f(x)\rangle=\sum_{i=0}^{n-1}d_ix^i+\langle f(x)\rangle$$

인 원소 $d_i\in F$, $i=0,1,\cdots,n-1$가 존재한다고 가정하면

$$\sum_{i=0}^{n-1}b_ix^i-\sum_{i=0}^{n-1}d_ix^i\in\langle f(x)\rangle$$

이다. 그런데 다항식 $\sum_{i=0}^{n-1}b_ix^i-\sum_{i=0}^{n-1}d_ix^i$의 차수는 $n-1$ 이하이므로

$$\sum_{i=0}^{n-1}b_ix^i-\sum_{i=0}^{n-1}d_ix^i=0$$

이다. 따라서 모든 $i=0,1,\cdots,n-1$에 대하여 $b_i=d_i$이다.

그러므로 체 $F[x]/\langle f(x)\rangle$에 속하는 원소는 유일하게

$$g(x)+\langle f(x)\rangle=\sum_{i=0}^{n-1}b_ix^i+\langle f(x)\rangle$$

와 같이 나타낼 수 있다.

한편, 동형관계 $F[x]/\langle f(x)\rangle\cong F(a)$를 정의하는 사상을

$$\psi : F[x]/\langle f(x)\rangle\rightarrow F(a)$$

라고 놓으면

$$\psi(g(x)+\langle f(x)\rangle)=\sum_{i=0}^{n-1}b_ia^i$$

이므로 임의의 원소 $b \in F(a)$는 적당한 원소 $b_i \in F$, $i = 0, 1, \cdots, n-1$에 대하여 $b = \sum_{i=0}^{n-1} b_i a^i$로 유일하게 나타낼 수 있음을 알 수 있다. ◪

예제 다항식 $f(x) = x^2 - 2 \in \mathbb{Q}[x]$는 $\mathbb{Q}$ 위에서 기약다항식이다. 또한 원소 $\sqrt{2}$는 $\mathbb{Q}$의 확대체 $\mathbb{R}$에 속하는 $f(x)$의 근이다. 그러므로 다음 성질이 성립한다.

(1) $\mathbb{Q}[x]/\langle f(x) \rangle \cong \mathbb{Q}(\sqrt{2})$

(2) 임의의 원소 $b \in \mathbb{Q}(\sqrt{2})$는 적당한 원소 $b_i \in \mathbb{Q}$, $i = 0, 1$에 대하여

$$b = \sum_{i=0}^{1} b_i \sqrt{2}^{\,i} = b_0 + b_1 \sqrt{2}$$

로 유일하게 나타낼 수 있다.

예제 다항식 $f(x) = x^2 + 1 \in \mathbb{R}[x]$는 $\mathbb{R}$ 위에서 기약다항식이다. 또한 i는 $\mathbb{R}$의 확대체 $\mathbb{C}$에 속하는 $f(x)$의 근이다. 그러므로 다음 성질이 성립한다.

(1) $\mathbb{R}[x]/\langle f(x) \rangle \cong \mathbb{R}(i)$

(2) 임의의 원소 $b \in \mathbb{R}(i)$는 적당한 원소 $b_i \in \mathbb{R}$, $i = 0, 1$에 대하여

$$b = \sum_{j=0}^{1} b_j i^j = b_0 + b_1 i$$

로 유일하게 나타낼 수 있다.

예제 다항식 $f(x) = x^2 + 5 \in \mathbb{Q}[x]$는 $\mathbb{Q}$ 위에서 기약다항식이다. 또한 $\sqrt{5}\,i$는 $\mathbb{Q}$의 확대체 $\mathbb{C}$에 속하는 $f(x)$의 근이다. 그러므로 다음 성질이 성립한다.

(1) $\mathbb{Q}[x]/\langle f(x) \rangle \cong \mathbb{Q}(\sqrt{5}\,i)$

(2) 임의의 원소 $b \in \mathbb{Q}(\sqrt{5}\,i)$는 적당한 원소 $b_i \in \mathbb{Q}$, $i = 0, 1$에 대하여

$$b = \sum_{j=0}^{1} b_j (\sqrt{5}\,i)^j = b_0 + b_1 \sqrt{5}\,i$$

로 유일하게 나타낼 수 있다.

예제 다항식 $f(x)=x^3-2\in\mathbb{Q}[x]$는 $\mathbb{Q}$ 위에서 기약다항식이다. 또한 $\sqrt[3]{2}$는 $\mathbb{Q}$의 확대체 $\mathbb{C}$에 속하는 $f(x)$의 근이다. 그러므로 다음 성질이 성립한다.

(1) $\mathbb{Q}[x]/\langle f(x)\rangle \cong \mathbb{Q}(\sqrt[3]{2})$

(2) 임의의 원소 $b\in\mathbb{Q}(\sqrt[3]{2})$는 적당한 원소 $b_i\in\mathbb{Q}$, $i=0,1,2$에 대하여

$$b=\sum_{j=0}^{2}b_j(\sqrt[3]{2})^j=b_0+b_1\sqrt[3]{2}+b_2\sqrt[3]{4}$$

로 유일하게 나타낼 수 있다.

정리

체 F와 차수가 n인 기약다항식 $f(x)\in F[x]-F$에 대하여 a가 F의 확대체 E에 속하는 $f(x)$의 근이라면 집합 $\mathcal{B}=\{1,a,a^2,\cdots,a^{n-1}\}$는 체 F 위의 벡터공간 $F(a)$의 기저이다.

증명 임의의 원소 $b\in F(a)$는 적당한 원소 $b_i\in F$, $i=0,1,\cdots,n-1$에 대하여 $b=\sum_{i=0}^{n-1}b_ia^i$로 유일하게 나타낼 수 있으므로 집합 $\mathcal{B}=\{1,a,a^2,\cdots,a^{n-1}\}$는 체 F 위의 벡터공간 $F(a)$의 기저이다. ◪

예제 다항식 $f(x)=x^2-2\in\mathbb{Q}[x]$는 $\mathbb{Q}$ 위에서 기약다항식이다. 또한 $\sqrt{2}$는 $\mathbb{Q}$의 확대체 $\mathbb{R}$에 속하는 $f(x)$의 근이다. 그러므로

$$\mathcal{B}=\{1,\sqrt{2}\}$$

는 체 $\mathbb{Q}$ 위에서 벡터공간 $\mathbb{Q}(\sqrt{2})$의 기저이다.

예제 다항식 $f(x)=x^2+1\in\mathbb{R}[x]$는 $\mathbb{R}$ 위에서 기약다항식이다. 또한 i는 $\mathbb{R}$의 확대체 $\mathbb{C}$에 속하는 $f(x)$의 근이다. 그러므로

$$\mathcal{B}=\{1,i\}$$

는 체 $\mathbb{R}$ 위에서 벡터공간 $\mathbb{R}(i)$의 기저이다.

예제 다항식 $f(x) = x^2 + 5 \in \mathbb{Q}[x]$는 $\mathbb{Q}$ 위에서 기약다항식이다. 또한 $\sqrt{5}\,i$는 $\mathbb{Q}$의 확대체 $\mathbb{C}$에 속하는 $f(x)$의 근이다. 그러므로

$$\mathcal{B} = \{1, \sqrt{5}\,i\}$$

는 체 $\mathbb{Q}$ 위에서 벡터공간 $\mathbb{Q}(\sqrt{5}\,i)$의 기저이다.

예제 다항식 $f(x) = x^3 - 5 \in \mathbb{Q}[x]$는 $\mathbb{Q}$ 위에서 기약다항식이다. 또한 $\sqrt[3]{5}$는 $\mathbb{Q}$의 확대체 $\mathbb{C}$에 속하는 $f(x)$의 근이다. 그러므로

$$\mathcal{B} = \{1, \sqrt[3]{5}, \sqrt[3]{25}\}$$

는 체 $\mathbb{Q}$ 위에서 벡터공간 $\mathbb{Q}(\sqrt[3]{5})$의 기저이다.

정리

체 F와 차수가 n인 기약다항식 $f(x) \in F[x] - F$에 대하여 원소 a가 F의 확대체 E에 속하는 $f(x)$의 근이고 원소 b가 F의 확대체 K에 속하는 $f(x)$의 근이면 다음 동형관계가 성립한다.

$$F(a) \cong F(b)$$

증명 원소 $a \in E$가 기약다항식 $f(x)$의 근이므로 동형관계

$$F[x]/\langle f(x) \rangle \cong F(a)$$

가 성립한다. 또한 원소 $b \in K$가 $f(x)$의 근이므로 동형관계

$$F[x]/\langle f(x) \rangle \cong F(b)$$

가 성립한다. 그러므로 동형관계 $F(a) \cong F(b)$가 성립한다. ◪

예제 다항식 $f(x) = x^2 - (\sqrt{2} + \sqrt{5})x + \sqrt{10} \in \mathbb{Q}[x]$는 $\mathbb{Q}$ 위에서 기약다항식이다. 또한 $\sqrt{2}$와 $\sqrt{5}$는 $\mathbb{Q}$의 확대체 $\mathbb{R}$에 속하는 $f(x)$의 근이다. 그러므로 $\mathbb{Q}$의 확대체 $\mathbb{Q}(\sqrt{2})$와 $\mathbb{Q}(\sqrt{5})$는 서로 동형이다.

정리

체 F와 차수가 n인 기약다항식 $f(x)=\sum_{i=0}^{n} a_i x^i \in F[x]-F$에 대하여 원소 a는 F의 확대체 E에 속하는 $f(x)$의 근이다. 또한 체 K에 대하여 $\phi : F \to K$는 동형사상이고 K의 확대체 L에 속하는 원소 b가 $\phi(f(x))=\sum_{i=0}^{n}\phi(a_i)x^i$의 근이라고 가정하면 다음 조건을 모두 만족시키는 동형사상 $\psi : F(a) \to K(b)$가 존재한다.

(1) 모든 원소 $c \in F$에 대하여 $\psi(c)=\phi(c)$

(2) $\psi(a)=b$

참고 다항식 $f(x)=\sum_{i=0}^{n} a_i x^i \in F[x]-F$와 동형사상 $\phi : F \to K$에 대하여 $\phi(f(x))=\sum_{i=0}^{n}\phi(a_i)x^i$으로 정의한다.

증명 다항식 $f(x)$가 기약다항식이므로 동형사상 $\phi : F \to K$에 대하여 $\phi(f(x))$가 기약다항식이 됨을 다음과 같이 보일 수 있다.

만일 $\phi(f(x))$가 가약다항식이라면 적당한 다항식 $\sum_{i=0}^{n}\alpha_i x^i, \sum_{i=0}^{m}\beta_i x^i \in K[x]$이 존재하여

$$\phi(f(x))=\left(\sum_{i=0}^{n}\alpha_i x^i\right)\left(\sum_{i=0}^{m}\beta_i x^i\right)$$

이다. 가정에 의하여 $\phi : F \to K$가 동형사상이므로 적당한 원소 $b_i, c_i \in F$가 존재하여 $\phi(b_i)=\alpha_i$이고 $\phi(c_i)=\beta_i$이므로

$$\phi(f(x))=\left(\sum_{i=0}^{n}\phi(b_i)x^i\right)\left(\sum_{i=0}^{m}\phi(c_i)x^i\right)$$

이다. 따라서

$$f(x)=\left(\sum_{i=0}^{n}b_i x^i\right)\left(\sum_{i=0}^{m}c_i x^i\right)$$

이다. 그런데 다항식 $f(x)$는 기약다항식이므로 이는 모순이다.

그러므로 다항식 $\phi(f(x))$는 기약다항식이다.

또한 사상

$$\eta : F[x]/\langle f(x)\rangle \rightarrow K[x]/\langle \phi(f(x))\rangle$$

를 임의의 원소 $g(x)+\langle f(x)\rangle \in F[x]/\langle f(x)\rangle$에 대하여

$$\eta(g(x)+\langle f(x)\rangle)=\phi(g(x))+\langle \phi(f(x))\rangle$$

로 정의하면 η는 동형사상이 됨을 다음과 같이 보일 수 있다.

임의의 원소 $g(x)+\langle f(x)\rangle,\ h(x)+\langle f(x)\rangle \in F[x]/\langle f(x)\rangle$에 대하여

(i) $$\begin{aligned}\eta((g(x)+\langle f(x)\rangle)+(h(x)+\langle f(x)\rangle)) &= \eta((g(x)+h(x))+\langle f(x)\rangle)\\ &= \phi(g(x)+h(x))+\langle \phi(f(x))\rangle\\ &= (\phi(g(x))+\phi(h(x)))+\langle \phi(f(x))\rangle\\ &= (\phi(g(x))+\langle \phi(f(x))\rangle)+(\phi(h(x))+\langle \phi(f(x))\rangle)\\ &= \eta(g(x)+\langle \phi(f(x))\rangle)+\eta(h(x)+\langle \phi(f(x))\rangle)\end{aligned}$$

$$\begin{aligned}\eta((g(x)+\langle f(x)\rangle)(h(x)+\langle f(x)\rangle)) &= \eta(g(x)h(x)+\langle f(x)\rangle)\\ &= \phi(g(x)h(x))+\langle \phi(f(x))\rangle\\ &= \phi(g(x))\phi(h(x))+\langle \phi(f(x))\rangle\\ &= (\phi(g(x))+\langle \phi(f(x))\rangle)(\phi(h(x))+\langle \phi(f(x))\rangle)\\ &= \eta(g(x)+\langle f(x)\rangle)\eta(h(x)+\langle f(x)\rangle)\end{aligned}$$

그러므로 η는 준동형사상이다.

(ii) $g(x)+\langle f(x)\rangle \in \ker\eta$이라면

$$\eta(g(x)+\langle f(x)\rangle)=\phi(g(x))+\langle \phi(f(x))\rangle = 0+\langle \phi(f(x))\rangle$$

이다. 따라서

$$\phi(g(x)) \in \langle \phi(f(x))\rangle$$

이므로

$$\phi(g(x))=\phi(f(x))k(x)$$

를 만족시키는 다항식 $k(x)\in K[x]$가 존재한다. 그런데 $\phi : F \rightarrow K$가 동형사상이므로 $\phi(r(x))=k(x)$를 만족시키는 다항식 $r(x)\in F[x]$가 존재한다. 그러므로

$$\phi(g(x))=\phi(f(x))k(x)=\phi(f(x))\phi(r(x))=\phi(f(x)r(x))$$

이고 $\phi : F \rightarrow K$가 동형사상이므로 $g(x)=f(x)r(x)$이다.

즉, $g(x)\in\langle f(x)\rangle$이므로

$$g(x)+\langle f(x)\rangle=0+\langle f(x)\rangle$$

이다. 따라서

$$\ker\eta=\{0+\langle f(x)\rangle\}$$

이다.

(iii) 임의의 원소 $q(x)+\langle\phi(f(x))\rangle\in K[x]/\langle\phi(f(x))\rangle$를 택하면 $\phi:F\to K$가 동형사상이므로 $\phi(p(x))=q(x)$인 다항식 $p(x)\in F[x]$가 존재한다. 따라서 $p(x)+\langle f(x)\rangle\in F[x]/\langle f(x)\rangle$이고

$$\begin{aligned}\eta(p(x)+\langle f(x)\rangle)&=\phi(p(x))+\langle\phi(f(x))\rangle\\&=q(x)+\langle\phi(f(x))\rangle\end{aligned}$$

이다.

즉, (ii)와 (iii)에 의하여 η는 일대일대응이다.
따라서 $\eta:F[x]/\langle f(x)\rangle\to K[x]/\langle\phi(f(x))\rangle$는 동형사상이다.
한편,

$$F[x]/\langle f(x)\rangle\cong F(a),\qquad K[x]/\langle\phi(f(x))\rangle\cong K(b)$$

이므로 대응되는 동형사상을 각각

$$\theta_1:F[x]/\langle f(x)\rangle\to F(a),\qquad \theta_2:K[x]/\langle\phi(f(x))\rangle\to K(b)$$

이라고 놓으면 다항식 $g(x)\in F[x]$와 $h(x)\in K[x]$에 대하여

$$\theta_1(g(x)+\langle f(x)\rangle)=g(a),\qquad \theta_2(h(x)+\langle\phi(f(x))\rangle)=h(b)$$

이다. 그러므로 임의의 다항식 $g(x)\in F[x]$에 대하여 동형사상

$$\theta_2\eta\theta_1^{-1}:F(a)\to K(b),\qquad \theta_2\eta\theta_1^{-1}(g(a))=\phi(g(b))$$

를 얻을 수 있다. 따라서 $\psi=\theta_2\eta\theta_1^{-1}$으로 놓으면

(1) 모든 원소 $c\in F$에 대하여

$$\begin{aligned}\psi(c)&=\theta_2\eta\theta_1^{-1}(c)=\theta_2\eta(c+\langle f(x)\rangle)\\&=\theta_2(\phi(c)+\langle\phi(f(x))\rangle)\\&=\phi(c)\end{aligned}$$

이므로 $\psi(c)=\phi(c)$이다.

(2) $\psi(a) = \theta_2 \eta \theta_1^{-1}(a) = \theta_2 \eta (x + \langle f(x) \rangle) = \theta_2 (\phi(x) + \langle \phi(f(x)) \rangle)$
$= \theta_2 (x + \langle \phi(f(x)) \rangle) = b$

이므로 $\psi(a) = b$이다.

그러므로 결과적으로 정리가 성립함을 알 수 있다. ◪

예제 체 $\mathbb{Q}$와 $f(x) = x^2 - 5 \in \mathbb{Q}[x]$에 대하여 항등사상 $\phi : \mathbb{Q} \to \mathbb{Q}$는 동형사상이다. 또한 $\sqrt{5}$가 $\mathbb{Q}$의 확대체 $\mathbb{Q}(\sqrt{5})$에 속하는 $f(x)$의 근이고 $-\sqrt{5}$가 $\mathbb{Q}$의 확대체 $\mathbb{R}$에 속하는 $f(x)$의 근이다. 따라서 다음 조건을 모두 만족시키는 동형사상

$$\psi : \mathbb{Q}(\sqrt{5}) \to \mathbb{Q}(-\sqrt{5})$$

가 존재한다.

(1) 모든 원소 $c \in \mathbb{Q}$에 대하여 $\psi(c) = \phi(c)$

(2) $\psi(\sqrt{5}) = -\sqrt{5}$

정리

체 F, E, K, L과 차수가 n인 다항식 $f(x) \in F[x] - F$가 다음 조건을 모두 만족시킨다고 가정하자.

(1) E는 F의 확대체이고 F 위에서 $f(x)$의 분해체이다.

(2) $\phi : F \to K$는 동형사상이다.

(3) L은 K의 확대체이고 K 위에서 $\phi(f(x))$의 분해체이다.

그러면 다음 성질을 만족시키는 동형사상 $\eta : E \to L$가 존재한다.

"모든 원소 $c \in F$에 대하여 $\eta(c) = \phi(c)$이다."

증명 다항식 n의 차수에 대한 수학적 귀납법을 이용하여 증명하기로 한다.

우선 $n = 1$이면 $\phi(f(x))$의 차수도 1이므로 $E = F$이고 $L = K$이다. 그러므로 $\eta = \phi$로 놓으면 모든 원소 $c \in F$에 대하여 $\eta(c) = \phi(c)$이다.

이제 $n > 1$이고 차수가 n보다 작은 임의의 다항식에 대하여 정리가 성립한다고 가정하자. $f(x) \in F[x] - F$이므로 $f(x)$의 기약인 인수 $p(x)$가 존재한다. 체 E가 F 위

에서 $f(x)$의 분해체이므로 $p(x)$의 근 $a\in E$가 존재한다. 또한 L은 K 위에서 $\phi(f(x))$의 분해체이므로 $\phi(p(x))$의 근 $b\in L$가 존재한다. 따라서 다음 조건을 만족시키는 동형사상 $\psi: F(a) \to K(b)$가 존재한다.

(1) 모든 원소 $c\in F$에 대하여 $\psi(c)=\phi(c)$이다.

(2) $\psi(a)=b$

한편 적당한 다항식 $q(x)\in F(a)[x]$가 존재하여 $f(x)=(x-a)q(x)$이고 E가 F 위에서 $f(x)$의 분해체이므로 E는 $F(a)$ 위에서 $q(x)$의 분해체이다. 또한 L이 K 위에서 $\phi(f(x))$의 분해체이므로 L은 $K(b)$ 위에서 $\phi(q(x))$의 분해체이다.

그런데 $q(x)$의 차수는 n보다 작으므로 다항식 $q(x)$에 대하여 정리가 성립한다. 즉, 동형사상 $\eta: E \to L$가 존재하여 모든 원소 $d\in F(a)$에 대하여 $\eta(d)=\psi(d)$이다. 그런데 모든 원소 $c\in F$에 대하여 $\psi(c)=\phi(c)$이므로 모든 원소 $c\in F$에 대하여 $\eta(c)=\phi(c)$이다.

결과적으로 수학적 귀납법에 의하여 정리가 성립함을 알 수 있다. ◪

예제 체 $\mathbb{Q}$와 다항식 $f(x)=x^2-5\in\mathbb{Q}[x]$에 대하여 항등사상 $\phi: \mathbb{Q} \to \mathbb{Q}$는 동형사상이다. 또한 $\mathbb{Q}(\sqrt{5})$는 $\mathbb{Q}$ 위에서 $f(x)$의 분해체이고 $\mathbb{Q}(-\sqrt{5})$는 $\mathbb{Q}$ 위에서 $\phi(f(x))=f(x)$의 분해체이다.

그러므로 모든 원소 $c\in\mathbb{Q}$에 대하여 $\eta(c)=\phi(c)$을 만족시키는 동형사상 $\eta: \mathbb{Q}(\sqrt{5}) \to \mathbb{Q}(-\sqrt{5})$가 존재한다.

정리

체 F와 차수가 n인 다항식 $f(x)\in F[x]-F$에 대하여 E와 L이 F 위에서 $f(x)$의 분해체이면 E와 L은 서로 동형이다.

증명 항등사상 $\phi: F \to F$, $\phi(a)=a$ $(a\in F)$는 동형사상이다. 또한 E는 F 위에서 $f(x)$의 분해체이고 L은 F 위에서 $\phi(f(x))=f(x)$의 분해체이다. 그러므로 다음 성질을 만족시키는 동형사상 $\eta: E \to L$가 존재한다.

"모든 원소 $c\in F$에 대하여 $\eta(c)=\phi(c)$이다."

따라서 체 E와 L은 서로 동형이다. ◪

예제 체 $\mathbb{Q}$와 다항식 $f(x)=x^2-5\in\mathbb{Q}[x]$에 대하여 $\mathbb{Q}(\sqrt{5})$와 $\mathbb{Q}(-\sqrt{5})$는 $\mathbb{Q}$ 위에서 $f(x)$의 분해체이다.

그러므로 $\mathbb{Q}(\sqrt{5})$와 $\mathbb{Q}(-\sqrt{5})$는 서로 동형이다.

정리

체 F 위의 차수가 n인 기약다항식 $f(x)\in F[x]$에 대하여 체 E는 F 위에서 다항식 $f(x)$의 분해체이다. 또한 원소 $a\in E$가 $f(x)$의 근이고 적당한 다항식 $g(x)\in E[x]$가 존재하여

$$f(x)=(x-a)^m g(x),\qquad g(a)\neq 0$$

일 때 만일 원소 $b\in E$가 $f(x)$의 근이라고 가정하면 다음 두 조건을 모두 만족시키는 적당한 다항식 $h(x)\in E[x]$가 존재한다.

(1) $f(x)=(x-b)^m h(x)$

(2) $h(b)\neq 0$

증명 만일 $\phi: F\to F$를 항등사상이라고 정의하면 적당한 동형사상 $\psi: E\to E$가 존재하여 다음 두 조건을 모두 만족시킨다.

(i) 모든 $c\in F$에 대하여 $\psi(c)=\phi(c)$

(ii) $\psi(a)=b$

그러므로

$$\begin{aligned}\psi(f(x))&=\psi((x-a)^m g(x))\\&=\psi((x-a)^m)\psi(g(x))\\&=(x-b)^m\psi(g(x))\end{aligned}$$

이다. 그런데 모든 $c\in F$에 대하여 $\psi(c)=\phi(c)$이므로

$$\psi(f(x))=f(x)$$

이다. 따라서

$$f(x)=(x-b)^m\psi(g(x))$$

이다.

만일 $\psi(g(x))=(x-b)^s h(x)$이고 $h(b)\neq 0$이라고 가정하면

$$f(x)=(x-b)^{m+s}h(x)$$

이다.

한편, 항등사상 $\phi: F\to F$에 대하여 동형사상 $\eta: E\to E$가 존재하여 다음 조건 (i)과 (ii)를 모두 만족시킨다.

(i) 모든 $c\in F$에 대하여 $\eta(c)=\phi(c)$

(ii) $\eta(b)=a$

그러므로

$$\begin{aligned}\eta(f(x))&=\eta((x-b)^{m+s}h(x))\\&=\eta((x-b)^{m+s})\eta(h(x))\\&=(x-a)^{m+s}\eta(h(x))\end{aligned}$$

이다. 그런데 모든 $c\in F$에 대하여 $\eta(c)=\phi(c)$이므로 $\eta(f(x))=f(x)$이다.

따라서

$$f(x)=(x-a)^{m+s}\eta(h(x))$$

이다. 그런데 $f(x)=(x-a)^m g(x)$이고 $g(a)\neq 0$이므로 $s=0$이다.

그러므로

$$f(x)=(x-b)^{m+s}h(x)=(x-b)^m h(x)$$

이고 $h(b)\neq 0$인 다항식 $h(x)\in E[x]$가 존재한다. ◪

정리

체 F 위의 차수가 n인 기약다항식 $f(x)\in F[x]$에 대하여 체 E는 F 위에서 다항식 $f(x)$의 분해체이다. 기약다항식 $f(x)$의 모든 근을 $a_1,a_2,\cdots,a_k\in E$, $a_i\neq a_j$ $(i\neq j)$라고 놓으면 적당한 원소 $a\in F$와 자연수 m이 존재하여 다음이 성립한다.

$$f(x)=a(x-a_1)^m(x-a_2)^m\cdots(x-a_k)^m,\qquad n=km$$

증명 만일 $f(x)$의 최고차 항의 계수를 a라고 놓으면 $f(x)=af_1(x)$를 만족시키는 다항식 $f_1(x)\in F[x]$가 존재한다. 체 E가 F 위에서 $f(x)$의 분해체이므로 $f(x)$는 일차

다항식의 곱으로 나타낼 수 있다. 원소 a_1은 $f(x)$의 근이므로

$$f(x) = a(x-a_1)^m g_1(x), \qquad g_1(a_1) \neq 0$$

를 만족시키는 $g_1(x) \in E[x]$와 자연수 m이 존재한다.

또한 원소 a_2가 $f(x)$의 근이므로

$$g_1(x) = (x-a_2)^m g_2(x), \qquad g_2(a_2) \neq 0$$

를 만족시키는 다항식 $g_2(x) \in E[x]$가 존재한다.

이와 같은 과정을 계속 반복하면

$$g_{k-1}(x) = (x-a_k)^m g_k(x), \qquad g_k(a_k) \neq 0$$

를 만족시키는 다항식 $g_k(x) \in E[x]$가 존재한다.

체 E는 F 위에서 다항식 $f(x)$의 분해체이고 원소 $a_1, a_2, \cdots, a_k$는 $f(x)$의 모든 근이므로 $g_k(x) = 1$이다.

결과적으로 원소 $a \in F$와 자연수 m이 존재하여

$$\begin{aligned} f(x) &= a(x-a_1)^m g_1(x) \\ &= a(x-a_1)^m (x-a_2)^m g_2(x) \\ &= \cdots \\ &= a(x-a_1)^m (x-a_2)^m \cdots (x-a_k)^m \end{aligned}$$

이다. ◪

연습문제

1. 체 F를 $\mathbb{Q}$를 포함하는 $\mathbb{Q}(\sqrt{2}, \sqrt{3})$의 부분체라고 할 때 K를 모두 구하시오.

2. $\mathbb{Q}$의 확대체 $\mathbb{Q}(\sqrt[5]{2})$에 속한 원소 a를 $\sqrt[5]{2}$를 이용하여 나타내시오.

3. $\mathbb{Q}$의 확대체 $\mathbb{Q}(\sqrt{2}, \sqrt{3})$에 속한 원소 a를 $\sqrt{2}$와 $\sqrt{3}$를 이용하여 나타내시오.

4. 체 $\mathbb{Q}$ 위에서 다항식 $f(x) = x^2 - 11 \in \mathbb{Q}[x]$의 분해체를 구하시오.

5. 체 $\mathbb{C}$ 위에서 다항식 $f(x) = x^3 - 1 \in \mathbb{C}[x]$의 분해체를 구하시오.

6. $\mathbb{Q}$의 확대체 $\mathbb{Q}(\sqrt{2})$와 $\mathbb{Q}(\sqrt{-2})$가 서로 동형인 체인지 판정하고 이를 증명하시오.

CHAPTER

5

도함수
(Derivatives)

이 장에서는 주어진 다항식환 $F[x]$에 속하는 다항식의 도함수를 정의하고 기본적인 성질을 살펴본다.

정의

체 F와 차수가 n인 다항식 $f(x)=\sum_{i=0}^{n} a_i x^i \in F[x]$에 대하여 다항식

$$g(x)=\sum_{i=1}^{n} i\,a_i x^{i-1} \in F[x]$$

를 다항식 $f(x)$의 **도함수**(derivative)라고 하고 $g(x)=f'(x)$로 나타낸다.

참고 $F[x]$에 속한 다항식 $f(x)$의 도함수 $f'(x)$는 실수체에서 정의된 미분가능한 함수의 도함수와 같지 않음을 유의하여야 한다.

예제 체 $\mathbb{Q}$와 다항식 $f(x)=3x^5+x^2-10 \in \mathbb{Q}[x]$에 대하여

$$f'(x)=15x^4+2x \in \mathbb{Q}[x]$$

예제 체 $\mathbb{Q}(\sqrt{3})$과 다항식 $f(x)=3x^5+x^2-10 \in \mathbb{Q}(\sqrt{3})[x]$에 대하여

$$f'(x)=15x^4+2x \in \mathbb{Q}(\sqrt{3})[x]$$

예제 체 $\mathbb{Z}_{13}$과 다항식 $f(x)=3x^5+x^2-10 \in \mathbb{Z}_{13}[x]$에 대하여

$$f'(x)=2x^4+2x \in \mathbb{Z}_{13}[x]$$

정리

체 F와 체 F의 확대체 E에 대하여 차수가 n인 다항식 $f(x)=\sum_{i=0}^{n} a_i x^i \in F[x]$의 도함수와 다항식 $f(x)=\sum_{i=0}^{n} a_i x^i \in E[x]$의 도함수는 서로 같다.

증명 다항식 $f(x)=\sum_{i=0}^{n} a_i x^i \in F[x]$의 도함수와 다항식 $f(x)=\sum_{i=0}^{n} a_i x^i \in E[x]$의 도함수를 각각 $g(x)$와 $h(x)$로 놓으면

$$g(x)=\sum_{i=1}^{n} i\,a_i x^{i-1} \in F[x], \qquad h(x)=\sum_{i=1}^{n} i\,a_i x^{i-1} \in E[x]$$

이다. 그러므로 $g(x)=h(x)$이다. ◪

예제 다항식 $f(x)=3x^3+x^2-5 \in \mathbb{Q}[x]$의 도함수는

$$f'(x)=9x^2+2x \in \mathbb{Q}[x]$$

이다.

한편, 체 $\mathbb{Q}$의 확대체 $\mathbb{R}$에 대하여 다항식 $f(x)=3x^3+x^2-5 \in \mathbb{R}[x]$의 도함수는

$$f'(x)=9x^2+2x \in \mathbb{R}[x]$$

이므로 도함수가 서로 같음을 알 수 있다.

정리

체 F와 체 K에 대하여 다음 명제는 거짓이다.

"$f(x)=\sum_{i=0}^{n} a_i x^i \in F[x]$이고 $g(x)=\sum_{i=0}^{n} a_i x^i \in K[x]$이면 $f'(x)=g'(x)$이다."

반례 체 $\mathbb{Q}$와 다항식 $f(x)=2x^7 \in \mathbb{Q}[x]$에 대하여

$$f'(x)=14x^6 \in \mathbb{Q}[x]$$

또한 체 $\mathbb{Z}_7$과 다항식 $g(x)=2x^7 \in \mathbb{Z}_7[x]$에 대하여

$$g'(x)=0 \in \mathbb{Z}_7[x]$$

그러므로 $f'(x) \neq g'(x)$이다. ◪

정리

체 F와 다항식 $f(x), g(x) \in F[x]$에 대하여 다음이 성립한다.

(1) 임의의 원소 $a \in F$에 대하여 $(af(x))' = af'(x)$

(2) $(f(x)+g(x))' = f'(x)+g'(x)$

(3) $(f(x)g(x))' = f'(x)g(x)+f(x)g'(x)$

증명 $f(x) = \sum_{i=0}^{n} a_i x^i \in F[x]$, $\quad g(x) = \sum_{i=0}^{m} b_i x^i \in F[x]$으로 놓자.

(1) $af(x) = \sum_{i=0}^{n} aa_i x^i \in F[x]$이므로

$$(af(x))' = \sum_{i=1}^{n} iaa_i x^{i-1} = a\sum_{i=1}^{n} ia_i x^{i-1} = af'(x)$$

따라서 $(af(x))' = af'(x)$이다.

(2) $n \geq m$이라고 가정하자. 그러면

$$g(x) = \sum_{i=0}^{n} b_i x^i, \qquad b_i = 0 \quad (m < i \leq n)$$

으로 놓을 수 있으므로

$$f(x)+g(x) = \sum_{i=0}^{n} (a_i + b_i)x^i$$

이다. 따라서

$$\begin{aligned}(f(x)+g(x))' &= \sum_{i=1}^{n} i(a_i+b_i)x^{i-1} \\ &= \sum_{i=1}^{n} ia_i x^{i-1} + \sum_{i=1}^{m} ib_i x^{i-1} \\ &= f'(x)+g'(x)\end{aligned}$$

그러므로 $(f(x)+g(x))' = f'(x)+g'(x)$이다.

또한 $n \leq m$인 경우에도 마찬가지 방법으로 증명할 수 있다.

(3) $f(x)g(x) = \sum_{i=0}^{n+m} c_i x^i \in F[x]$이라고 놓으면 $c_k = \sum_{i=0}^{k} a_i b_{k-i}$이다. 그러므로

$(f(x)g(x))'$의 $k-1$차 항은

$$kc_kx^{k-1} = k\sum_{i=0}^{k} a_ib_{k-i}x^{k-1}$$

이다. 한편, $f'(x)g(x)$의 $k-1$차 항은 $\sum_{i=1}^{k} ia_ib_{k-i}x^{k-1}$이고 $f(x)g'(x)$의 $k-1$차 항은 $\sum_{i=1}^{k} ia_{k-i}b_ix^{k-1}$이다. 그러므로 $f'(x)g(x)+f(x)g'(x)$의 $k-1$차 항은

$$\sum_{i=1}^{k} ia_ib_{k-i}x^{k-1} + \sum_{i=1}^{k} ia_{k-i}b_ix^{k-1}$$

이다. 그런데

$$k\sum_{i=0}^{k} a_ib_{k-i} = \sum_{i=1}^{k} ia_ib_{k-i} + \sum_{i=1}^{k} ia_{k-i}b_i$$

이므로 $(f(x)g(x))'$와 $f'(x)g(x)+f(x)g'(x)$의 모든 항이 같음을 알 수 있다. 즉, $(f(x)g(x))' = f'(x)g(x)+f(x)g'(x)$이 성립한다. ◪

예제 다항식 $f(x) = x^2 - 5 \in \mathbb{R}[x]$와 원소 $3 \in \mathbb{R}$에 대하여 $3f(x) = 3x^2 - 15$이므로 $(3f(x))' = 6x$이다. 또한 $f'(x) = 2x$이므로 $3f'(x) = 6x$이다. 따라서

$$(3f(x))' = 3f'(x)$$

예제 다항식 $f(x) = x^2 - 5 \in \mathbb{Q}[x]$와 $g(x) = x^3 - x + 2 \in \mathbb{Q}[x]$에 대하여 $f(x)+g(x) = x^3 + x^2 - x - 3$이므로

$$(f(x)+g(x))' = 3x^2 + 2x - 1$$

이다. 또한 $f'(x) = 2x$이고 $g'(x) = 3x^2 - 1$이므로

$$f'(x)+g'(x) = 3x^2 + 2x - 1$$

이다. 따라서

$$(f(x)+g(x))' = f'(x)+g'(x)$$

예제 $f(x)=x^7+x^3+1\in \mathbb{Z}_7[x]$와 $g(x)=x-2\in \mathbb{Z}_7[x]$에 대하여 $f(x)g(x)=x^8-2x^7+x^4-2x^3+x-2$이므로

$$(f(x)g(x))'=x^7+4x^3-6x^2+1$$

이다. 또한 $f'(x)=3x^2$이고 $g'(x)=1$이므로

$$f'(x)g(x)+f(x)g'(x)=x^7+4x^3-6x^2+1$$

이다. 따라서

$$(f(x)g(x))'=f'(x)g(x)+f(x)g'(x)$$

정리

체 F와 다항식 $f(x)\in F[x]$에 대하여 다음 명제 (1)과 (2)는 동치관계이다.

(1) F의 확대체 E와 적당한 원소 $a\in E$가 존재하여 $f(x)=(x-a)^2g(x)$를 만족시키는 다항식 $g(x)\in E[x]$가 존재한다.

(2) 적당한 다항식 $h(x)\in F[x]-F$와 다항식 $f_1(x), f_2(x)\in E[x]$가 존재하여 다음 두 식을 모두 만족시킨다.

$$f(x)=h(x)f_1(x), \qquad f'(x)=h(x)f_2(x)$$

증명 (1)⇒(2) $f(x)=(x-a)^2g(x)$를 만족시키는 적당한 다항식 $g(x)\in E[x]$가 존재하므로

$$\begin{aligned} f'(x) &= 2(x-a)g(x)+(x-a)^2g'(x) \\ &= (x-a)\{2g(x)+(x-a)g'(x)\} \end{aligned}$$

이다. 이제 다음 두 식

$$f(x)=h(x)f_1(x), \qquad f'(x)=h(x)f_2(x)$$

를 만족시키는 다항식 $h(x)\in F[x]-F$와 $f_1(x), f_2(x)\in E[x]$가 존재하지 않는다고 가정하자.

그런데 다항식환 $F[x]$는 주아이디얼정역이므로

$$\langle f(x), f'(x)\rangle = \langle p(x)\rangle$$

를 만족시키는 다항식 $p(x) \in F[x]$가 존재한다. 따라서 $f(x), f'(x) \in \langle p(x)\rangle$이므로

$$f(x) = p(x)p_1(x), \qquad f'(x) = p(x)p_2(x)$$

를 모두 만족시키는 다항식 $p_1(x), p_2(x) \in F[x]$가 존재한다. 따라서

$$p(x) \neq 0 \in F$$

이므로 $\langle p(x)\rangle = F$이다. 즉,

$$\langle f(x), f'(x)\rangle = F$$

이고

$$f(x)g_1(x) + f'(x)g_2(x) = 1$$

을 만족시키는 다항식 $g_1(x), g_2(x) \in F[x]$가 존재한다.
그런데 $x-a$는 $f(x)$와 $f'(x)$의 약수이므로 1의 약수이다. 그러므로

$$1 = (x-a)q(x)$$

인 다항식 $q(x) \in E[x]$가 존재한다. 이는 모순이므로 결과적으로 두 식

$$f(x) = h(x)f_1(x), \qquad f'(x) = h(x)f_2(x)$$

를 모두 만족시키는 다항식 $h(x) \in F[x] - F$와 다항식 $f_1(x), f_2(x) \in E[x]$가 존재한다.

(2)⇒(1) $f(x) = h(x)f_1(x)$와 $f'(x) = h(x)f_2(x)$를 만족시키는 적당한 다항식 $h(x) \in F[x] - F$와 $f_1(x), f_2(x) \in E[x]$가 존재한다고 가정하자. 그러면 F의 확대체 E와 적당한 원소 $a \in E$가 존재하여 $h(a) = 0$이다. 따라서

$$f(a) = h(a)f_1(a) = 0$$

이므로

$$f(x) = (x-a)r(x)$$

를 만족시키는 다항식 $r(x) \in E[x]$가 존재한다. 그러므로

$$f'(x) = r(x) + (x-a)r'(x)$$

이고

$$f'(a) = r(a) + (a-a)r'(a) = r(a)$$

이다. 그런데

$$f'(a) = h(a)f_2(a) = 0$$

이므로

$$r(a) = 0$$

이다. 즉, $r(x) = (x-a)g(x)$인 다항식 $g(x) \in E[x]$가 존재한다.
결과적으로

$$f(x) = (x-a)r(x) = (x-a)^2 g(x)$$

를 만족시키는 다항식 $g(x) \in E[x]$가 존재한다. ◪

예제 다항식 $f(x) = (x^2 - 2\sqrt{5}\,x + 5)(x+1) \in \mathbb{Q}(\sqrt{5})[x]$에 대하여 $\mathbb{Q}(\sqrt{5})$의 확대체 $\mathbb{R}$과 원소 $\sqrt{5} \in \mathbb{R}$가 존재하여

$$f(x) = (x-\sqrt{5})^2(x+1) \in \mathbb{R}[x]$$

를 만족시키는 다항식 $x+1 \in \mathbb{R}[x]$이 존재한다. 또한

$$f'(x) = 2(x-\sqrt{5})(x+1) + (x-\sqrt{5})^2$$

이므로

$$f(x) = h(x)f_1(x), \qquad f'(x) = h(x)f_2(x)$$

를 만족시키는 다항식

$$\begin{aligned} h(x) &= x - \sqrt{5} \in \mathbb{Q}(\sqrt{5})[x], \\ f_1(x) &= (x-\sqrt{5})(x+1) \in \mathbb{R}[x], \\ f_2(x) &= 3x + 2 - \sqrt{5} \in \mathbb{R}[x] \end{aligned}$$

가 존재한다.

정리

체 F 위의 차수가 n인 기약다항식 $f(x) \in F[x]$에 대하여 $char(F) = 0$이면 $f(x) = (x-a)^2 g(x)$를 만족시키는 F의 확대체 E와 원소 $a \in E$ 그리고 다항식 $g(x) \in E[x]$는 존재하지 않는다.

증명 만일 $f(x) = (x-a)^2 g(x)$를 만족시키는 F의 확대체 E와 원소 $a \in E$ 그리고 다항식 $g(x) \in E[x]$가 존재한다고 가정하면

$$f(x) = h(x) f_1(x), \qquad f'(x) = h(x) f_2(x)$$

을 만족시키는 다항식 $h(x) \in F[x] - F$와 다항식 $f_1(x), f_2(x) \in E[x]$가 존재한다. 그런데 $f(x) \in F[x]$가 기약다항식이므로 $f_1(x) = b$인 원소 $b \in F$가 존재한다. 따라서 $f(x)$의 차수와 $h(x)$의 차수는 같다.

한편 $f'(x)$의 차수는 $f(x)$의 차수보다 작으므로 $f'(x) = h(x) f_2(x)$가 성립하기 위해서는 $f_2(x) = 0$이다. 즉, $f'(x) = 0$이다.

이제 $f(x) = \sum_{i=0}^{n} a_i x^i$로 놓으면

$$f'(x) = \sum_{i=1}^{n} i a_i x^{i-1} = 0$$

이므로 모든 $i = 1, 2, \cdots, n$에 대하여 $i a_i = 0$이다. 즉,

$$a_1 = 0,\ 2a_2 = 0,\ \cdots\ ,\ n a_n = 0$$

이다.

만일 $a_k \neq 0$인 원소 a_k가 존재한다면 $k a_k = 0$이므로 임의의 원소 $c \in F$에 대하여

$$kc = k a_k a_k^{-1} c = 0$$

이다. 그런데 $char(F) = 0$이므로 이는 모순이다. 그러므로

$$a_i = 0, \qquad i = 1, 2, \cdots, n$$

이다. 따라서 $f(x) = a_0$이고 이는 $f(x)$가 기약다항식이라는 가정에 모순이다. 결과적으로 $f(x) = (x-a)^2 g(x)$를 만족시키는 F의 확대체 E와 원소 $a \in E$ 그리고 다항식 $g(x) \in E[x]$는 존재하지 않는다. ◪

정리

체 F 위의 차수가 n인 기약다항식 $f(x) \in F[x]$가 다음 두 조건을 모두 만족시키면 $f(x) = h(x^p)$인 다항식 $h(x) \in F[x]$가 존재한다.

(1) 적당한 소수 p가 존재하여 $char(F) = p$이다.

(2) $f(x) = (x-a)^2 g(x)$를 만족시키는 F의 확대체 E와 원소 $a \in E$ 그리고 다항식 $g(x) \in E[x]$가 존재한다.

증명 만일 $f(x) = (x-a)^2 g(x)$를 만족시키는 F의 확대체 E와 원소 $a \in E$ 그리고 다항식 $g(x) \in E[x]$가 존재한다고 가정하면

$$f(x) = h(x)f_1(x), \qquad f'(x) = h(x)f_2(x)$$

을 만족시키는 다항식 $h(x) \in F[x]$와 다항식 $f_1(x), f_2(x) \in E[x]$가 존재한다.

그런데 $f(x) \in F[x]$가 기약다항식이므로 $f_1(x) = b$인 원소 $b \in F$가 존재한다. 따라서 $f(x)$의 차수와 $h(x)$의 차수는 같다.

한편 $f'(x)$의 차수는 $f(x)$의 차수보다 작으므로 $f'(x)$의 차수는 $h(x)$의 차수 보다 작다. 그런데 $f'(x) = h(x)f_2(x)$이므로 $f_2(x) = 0$이다.

즉, $f'(x) = 0$이다.

이제 $f(x) = \sum_{i=0}^{n} a_i x^i$로 놓으면

$$f'(x) = \sum_{i=1}^{n} i a_i x^{i-1} = 0$$

이므로

$$i a_i = 0, \qquad i = 1, 2, \cdots, n$$

이다. 그런데 $char(F) = p$이므로 $p \nmid i$인 모든 i에 대하여

$$a_i = 0$$

이다.

따라서 적당한 t가 존재하여

$$f(x) = a_0 + a_p x^p + \cdots + a_{pt} x^{pt}$$

이다. 이제

$$h(x) = a_0 + a_p x + \cdots + a_{pt} x^t$$

로 놓으면

$$h(x^p) = a_0 + a_p x^p + \cdots + a_{pt} x^{pt}$$

이므로 $f(x) = h(x^p)$이 성립함을 알 수 있다. ◪

연습문제

1. 체 $\mathbb{Q}(\sqrt{7})$과 다항식 $f(x) = 2x^7 - 3x^5 + x^3 - 3x - 2 \in \mathbb{Q}(\sqrt{7})[x]$에 대하여 도함수 $f'(x)$를 구하시오.

2. 체 $\mathbb{Z}_5$와 다항식 $f(x) = 2x^7 - 3x^5 + x^3 - 3x - 2 \in \mathbb{Z}_5[x]$에 대하여 도함수 $f'(x)$를 구하시오.

3. 체 $\mathbb{Z}_{11}$과 다항식 $f(x) = 2x^7 - 3x^5 + x^3 - 3x - 2 \in \mathbb{Z}_{11}[x]$에 대하여 도함수 $f'(x)$를 구하시오.

CHAPTER

6

대수적 확대체
(Algebraic Extension Fields)

이 장에서는 주어진 체의 대수적 확대체와 최소다항식에 대한 기본적인 성질에 대해서 살펴본다.

정의

체 E가 체 F의 확대체이고 $a \in E$일 때 적당한 다항식 $f(x) \in F[x]$가 존재하여 $f(a)=0$이면 원소 $a \in E$는 체 F 위에서 **대수적(algebraic)**이라고 한다. 만일 임의의 다항식 $g(x) \in F[x]$에 대하여 $g(a) \neq 0$이라면 원소 $a \in E$는 체 F 위에서 **초월적(transcendental)**이라고 한다.

예제 원소 $a=3 \in \mathbb{R}$에 대하여 다항식 $f(x)=x-3 \in \mathbb{Q}[x]$가 존재하여 $f(3)=0$이다. 따라서 원소 $a=3$은 체 $\mathbb{Q}$ 위에서 대수적이다.

예제 원소 $\sqrt{10} \in \mathbb{R}$에 대하여 다항식 $f(x)=x^2-10 \in \mathbb{Q}[x]$가 존재하여 $f(\sqrt{10})=0$이다. 따라서 원소 $a=\sqrt{10}$은 체 $\mathbb{Q}$ 위에서 대수적이다.

예제 원소 $i \in \mathbb{C}$에 대하여 다항식 $f(x)=x^2+1 \in \mathbb{R}[x]$가 존재하여 $f(i)=0$이다. 따라서 원소 $a=i$는 체 $\mathbb{R}$ 위에서 대수적이다.

정리

체 E는 체 F의 확대체이고 체 K는 체 E의 확대체이다. 만일 원소 $a \in K$가 체 F 위에서 대수적이면 원소 $a \in K$는 체 E 위에서 대수적이다.

증명 원소 $a \in K$가 체 F 위에서 대수적이므로 적당한 다항식 $f(x) \in F[x]$가 존재하여 $f(a)=0$이다. 그런데 체 E는 체 F의 확대체이므로 $F[x] \subset E[x]$이다. 따라서 $f(x) \in E[x]$이므로 원소 $a \in K$는 체 E 위에서 대수적이다. ◪

예제 $\mathbb{R}$은 $\mathbb{Q}$의 확대체이고 $\mathbb{R}$은 $\mathbb{R}$의 확대체이다. 원소 $a=3\in\mathbb{R}$에 대하여 다항식 $f(x)=x-3\in\mathbb{Q}[x]$이 존재하여 $f(3)=0$이다. 즉, 원소 $a=3$은 체 $\mathbb{Q}$ 위에서 대수적이다. 따라서 원소 $a=3$은 체 $\mathbb{R}$ 위에서 대수적이다.

예제 $\mathbb{R}$은 $\mathbb{Q}$의 확대체이고 $\mathbb{C}$는 $\mathbb{R}$의 확대체이다. 원소 $i\in\mathbb{C}$에 대하여 다항식 $f(x)=x^2+1\in\mathbb{Q}[x]$이 존재하여 $f(i)=0$이다. 따라서 원소 $a=i$는 체 $\mathbb{Q}$ 위에서 대수적이다. 그러므로 원소 $a=i$는 체 $\mathbb{R}$ 위에서 대수적이다.

정의

체 E가 체 F의 확대체이고 모든 원소 $a\in E$가 체 F 위에서 대수적이면 E를 F의 **대수적 확대체**(algebraic extension field)라고 한다. 만일 E가 F의 대수적 확대체가 아니면 E를 F의 **초월적 확대체**(transcendental extension field)라고 한다.

예제 임의의 원소 $a\in\mathbb{Q}$에 대하여 다항식 $f(x)=x-a\in\mathbb{Q}[x]$가 존재하여 $f(a)=0$이다. 따라서 원소 $a\in\mathbb{Q}$는 체 $\mathbb{Q}$ 위에서 대수적이다. 그러므로 체 $\mathbb{Q}$는 $\mathbb{Q}$의 대수적 확대체이다.

예제 임의의 원소 $a\in\mathbb{Q}(\sqrt{2})$는 적당한 원소 $b,c\in\mathbb{Q}$에 대하여 $a=b+c\sqrt{2}$로 나타낼 수 있다. 한편 다항식 $f(x)=x^2-2bx+b^2-2c^2\in\mathbb{Q}[x]$가 존재하여 $f(a)=0$이므로 체 $\mathbb{Q}(\sqrt{2})$에 속한 모든 원소는 $\mathbb{Q}$ 위에서 대수적이다. 그러므로 $\mathbb{Q}(\sqrt{2})$는 $\mathbb{Q}$의 대수적 확대체이다.

예제 임의의 원소 $a\in\mathbb{R}(i)$는 적당한 원소 $b,c\in\mathbb{R}$에 대하여 $a=b+ci$로 나타낼 수 있다. 한편 다항식 $f(x)=x^2-2bx+b^2+c^2\in\mathbb{R}[x]$가 존재하여 $f(a)=0$이므로 체 $\mathbb{R}(i)$에 속한 모든 원소는 $\mathbb{R}$ 위에서 대수적이다. 그러므로 체 $\mathbb{R}(i)$는 $\mathbb{R}$의 대수적 확대체이다.

정리

체 E가 체 F의 확대체이고 원소 $a \in E$가 체 F 위에서 대수적이면 다음 조건을 모두 만족시키는 적당한 다항식 $f(x) \in F[x]$가 존재한다.

(1) $f(x)$는 F 위에서 기약다항식이고 $f(a) = 0$이다.

(2) 다항식 $g(x) \in F[x]$에 대하여 $g(a) = 0$이면 $\deg f(x) \leq \deg g(x)$이다.

(3) $F[x]/\langle f(x) \rangle \cong F(a)$이다.

증명 사상 $\phi : F[x] \rightarrow F(a)$를

$$\phi(h(x)) = h(a), \qquad h(x) \in F[x]$$

로 정의하면 $h_1(x), h_2(x) \in F[x]$일 때

$$\phi(h_1(x) + h_2(x)) = h_1(a) + h_2(a) = \phi(h_1(x)) + \phi(h_2(x))$$
$$\phi(h_1(x)h_2(x)) = h_1(a)h_2(a) = \phi(h_1(x))\phi(h_2(x))$$

이므로 ϕ는 환준동형사상이다.

한편,

$$\ker\phi = \{h(x) \in F[x] \mid \phi(h(x)) = 0\}$$
$$= \{h(x) \in F[x] \mid h(a) = 0\}$$

이고 $\ker\phi$는 주아이디얼정역 $F[x]$의 아이디얼이므로 $f(a) = 0$인 적당한 다항식 $f(x) \in F[x]$가 존재하여

$$\ker\phi = \langle f(x) \rangle$$

이다.

이때 $f(x)$는 $\ker\phi$에 속하는 다항식 중에서 최소 차수의 다항식으로 생각할 수 있다. 즉, 다항식 $g(x) \in F[x]$에 대하여 $g(a) = 0$이면 $\deg f(x) \leq \deg g(x)$이 성립한다. 따라서 $f(x)$는 체 F 위에서 기약다항식이다.

또한 $\phi(F[x]) = F[a]$이므로

$$F[x]/\langle f(x) \rangle \cong F[a]$$

이다. 그런데 $f(x)$는 체 F 위에서 기약다항식이므로 $\ker\phi = \langle f(x) \rangle$는 $F[x]$의 극대아이디얼이고 $F[x]/\langle f(x) \rangle$는 체이다. 따라서 $F[a]$는 체이므로

$$F[a] = F(a)$$

이고 결과적으로

$$F[x]/\langle f(x) \rangle \cong F(a)$$

가 성립한다. ◪

예제 원소 $3 \in \mathbb{R}$ 에 대하여 다항식 $f(x) = x - 3 \in \mathbb{Q}[x]$이 존재하여 $f(3) = 0$이다. 따라서 원소 $3 \in \mathbb{R}$ 은 $\mathbb{Q}$ 위에서 대수적이다.

한편 $f(x) = x - 3$은 체 $\mathbb{Q}$ 위에서 기약다항식이고 만일 다항식 $g(x) \in \mathbb{Q}[x]$가 조건 $g(3) = 0$을 만족시키면

$$\deg f(x) = 1 \leq \deg g(x)$$

이다. 또한 다음 동형관계가 성립한다.

$$\mathbb{Q}[x]/\langle f(x) \rangle \cong \mathbb{Q}(3)$$

예제 원소 $i \in \mathbb{Q}(i)$에 대하여 $f(x) = x^2 + 1 \in \mathbb{Q}[x]$가 존재하여 $f(i) = 0$이다. 따라서 $i \in \mathbb{Q}(i)$는 $\mathbb{Q}$ 위에서 대수적이다.

한편 $f(x) = x^2 + 1$은 체 $\mathbb{Q}$ 위에서 기약다항식이고 만일 다항식 $g(x) \in \mathbb{Q}[x]$가 $g(i) = 0$를 만족시키면

$$\deg f(x) = 2 \leq \deg g(x)$$

이다. 또한 다음 동형관계가 성립한다.

$$\mathbb{Q}[x]/\langle f(x) \rangle \cong \mathbb{Q}(i)$$

예제 원소 $i \in \mathbb{R}(i)$에 대하여 $f(x) = x^2 + 1 \in \mathbb{R}[x]$이 존재하여 $f(i) = 0$이다. 따라서 원소 $i \in \mathbb{R}(i)$는 $\mathbb{R}$ 위에서 대수적이다.

한편 $f(x) = x^2 + 1$은 체 $\mathbb{R}$ 위에서 기약다항식이고 만일 다항식 $g(x) \in \mathbb{R}[x]$가 존재하여 $g(i) = 0$이라면

$$\deg f(x) = 2 \leq \deg g(x)$$

이다. 또한 다음 동형관계가 성립한다.

$$\mathbb{R}[x]/\langle f(x) \rangle \cong \mathbb{R}(i)$$

예제 원소 $\sqrt{3} \in \mathbb{Q}(\sqrt{3})$에 대하여 다항식 $f(x) = x^2 - 3 \in \mathbb{Q}[x]$가 존재하여 $f(\sqrt{3}) = 0$이다. 따라서 원소 $\sqrt{3} \in \mathbb{Q}(\sqrt{3})$은 $\mathbb{Q}$ 위에서 대수적이다.

한편 $f(x) = x^2 - 3$은 체 $\mathbb{Q}$ 위에서 기약다항식이고 만일 다항식 $g(x) \in \mathbb{Q}[x]$가 존재하여 $g(\sqrt{3}) = 0$이라면

$$\deg f(x) = 2 \le \deg g(x)$$

이다. 또한 다음 동형관계가 성립한다.

$$\mathbb{Q}[x]/\langle f(x) \rangle \cong \mathbb{Q}(\sqrt{3})$$

정리

체 E가 체 F의 확대체이고 원소 $a \in E$가 체 F 위에서 대수적이면 다음 조건을 모두 만족시키는 적당한 다항식 $f(x) \in F[x]$가 유일하게 존재한다.

(1) $f(x)$의 최고차항의 계수는 1이다.

(2) $f(x)$는 F 위에서 기약다항식이고 $f(a) = 0$이다.

(3) 최고차항의 계수가 1인 기약다항식 $g(x) \in F[x]$에 대하여 $g(a) = 0$이면 $\deg f(x) \le \deg g(x)$이다.

증명 조건 (2)와 (3)을 모두 만족시키는 다항식 $f(x)$는 존재한다.

만일 $f(x)$의 최고차항의 계수가 a_n이라면 적당한 다항식 $f_1(x) \in F[x]$가 존재하여 $f(x) = a_n f_1(x)$로 나타낼 수 있고 $f(a) = 0$이기 위한 필요충분조건은 $f_1(a) = 0$이므로 조건 (1),(2),(3)을 모두 만족시키는 최고차항의 계수가 1인 기약다항식이 존재한다.

또한 유일성을 증명하기 위하여 다항식 $h_1(x), h_2(x) \in F[x]$가 조건을 모두 만족시킨다고 가정하자. 다항식 $k(x)$를

$$k(x) = h_1(x) - h_2(x)$$

이라고 놓으면

$$k(a) = h_1(a) - h_2(a) = 0 - 0 = 0$$

이다. 그런데 $h_1(x)$과 $h_2(x)$의 최고차항의 계수가 1이므로 $k(x)$의 차수는 $h_1(x)$의 차수보다 작다. 따라서 $k(x) = 0$이므로

$$h_1(x) = h_2(x)$$

이 되어 조건 (1),(2),(3)을 모두 만족시키는 다항식은 유일하게 존재한다. ◪

정의

체 E가 체 F의 확대체이고 원소 $a \in E$가 체 F 위에서 대수적일 때 다음 조건을 모두 만족시키는 유일한 다항식 $f(x) \in F[x]$를 F 위에서 원소 a의 최소다항식(minimal polynomial)이라고 한다.

(1) $f(x)$의 최고차항의 계수는 1이다.
(2) $f(x)$는 F 위에서 기약다항식이고 $f(a)=0$이다.
(3) 최고차항의 계수가 1인 기약다항식 $g(x) \in F[x]$에 대하여 $g(a)=0$이면 $\deg f(x) \le \deg g(x)$이다.

참고 체 F 위에서 원소 a의 최소다항식을 $irr(a, F)$로 나타내기도 한다.

예제 원소 $3 \in \mathbb{R}$에 대하여 다항식 $f(x) = x - 3 \in \mathbb{Q}[x]$가 존재하여 $f(3)=0$이므로 원소 $3 \in \mathbb{R}$은 $\mathbb{Q}$ 위에서 대수적이다. 또한

(1) $f(x) = x-3$의 최고차항의 계수는 1이다.
(2) $f(x)$는 $\mathbb{Q}$ 위에서 기약다항식이고 $f(3)=0$이다.
(3) 최고차항의 계수가 1인 기약다항식 $g(x) \in \mathbb{Q}[x]$에 대하여 $g(3)=0$이면 $f(x)$의 차수가 1이므로 $\deg f(x) \le \deg g(x)$이다.

결과적으로 다항식 $f(x) = x-3 \in \mathbb{Q}[x]$는 $\mathbb{Q}$ 위에서 원소 3의 최소다항식이다.

예제 원소 $\sqrt{3} \in \mathbb{R}$에 대하여 다항식 $f(x) = x^2 - 3 \in \mathbb{Q}[x]$가 존재하여 $f(\sqrt{3})=0$이므로 $\sqrt{3} \in \mathbb{R}$은 $\mathbb{Q}$ 위에서 대수적이다. 또한

(1) $f(x) = x^2 - 3$의 최고차항의 계수는 1이다.
(2) $f(x)$는 $\mathbb{Q}$ 위에서 기약다항식이고 $f(\sqrt{3})=0$이다.
(3) 최고차항의 계수가 1인 기약다항식 $g(x) \in \mathbb{Q}[x]$에 대하여 $g(\sqrt{3})=0$이라면 적당한 다항식 $q(x), r(x) \in \mathbb{Q}[x]$가 존재하여

$$g(x)=f(x)q(x)+r(x)$$

이다. 여기서 $r(x)=0$ 또는 $\deg r(x)<\deg f(x)$이다. 한편

$$g(\sqrt{3})=f(\sqrt{3})q(\sqrt{3})+r(\sqrt{3})$$

이고 $f(\sqrt{3})=0=g(\sqrt{3})$이므로 $r(\sqrt{3})=0$이다.

만일 $r(x)\neq 0$이라면 $\deg r(x)=0$ 또는 $\deg r(x)=1$이다. 그런데 $r(\sqrt{3})=0$이므로 $\deg r(x)\neq 0$이다. 따라서 $\deg r(x)=1$이므로 적당한 유리수 a와 b가 존재하여 $r(x)=ax+b\in\mathbb{Q}[x]$로 나타낼 수 있고 $r(\sqrt{3})=a\sqrt{3}+b=0$이다. 그런데 이는 모순이므로 $r(x)=0$이고 $g(x)=f(x)q(x)$이다.

따라서 $\deg f(x)\leq\deg g(x)$이다.

결과적으로 $f(x)=x^2-3\in\mathbb{Q}[x]$는 $\mathbb{Q}$ 위에서 원소 $\sqrt{3}$의 최소다항식이다.

예제 원소 $i\in\mathbb{Q}(i)$에 대하여 다항식 $f(x)=x^2+1\in\mathbb{Q}[x]$가 존재하여 $f(i)=0$이므로 $i\in\mathbb{Q}(i)$는 $\mathbb{Q}$ 위에서 대수적이다. 또한

(1) $f(x)=x^2+1$의 최고차항의 계수는 1이다.

(2) $f(x)=x^2+1$은 체 $\mathbb{Q}$ 위에서 기약다항식이고 $f(i)=0$이다.

(3) 최고차항의 계수가 1인 기약다항식 $g(x)\in\mathbb{Q}[x]$에 대하여 $g(i)=0$이라면 적당한 다항식 $q(x),r(x)\in\mathbb{Q}[x]$가 존재하여

$$g(x)=f(x)q(x)+r(x)$$

이다. 여기서 $r(x)=0$ 또는 $\deg r(x)<\deg f(x)$이다. 한편

$$g(i)=f(i)q(i)+r(i)$$

이고 $f(i)=0=g(i)$이므로 $r(i)=0$이다.

만일 $r(x)\neq 0$이라면 $\deg r(x)=0$ 또는 $\deg r(x)=1$이다. 그런데 $r(i)=0$이므로 $\deg r(x)\neq 0$이다. 따라서 $\deg r(x)=1$이고 적당한 유리수 a와 b가 존재하여 $r(x)=ax+b\in\mathbb{Q}[x]$로 나타낼 수 있으므로 $r(i)=ai+b=0$이다. 그런데 이는 모순이므로 $r(x)=0$이고 $g(x)=f(x)q(x)$이다.

따라서 $\deg f(x)\leq\deg g(x)$이다.

결과적으로 다항식 $f(x)=x^2+1\in\mathbb{Q}[x]$는 $\mathbb{Q}$ 위에서 원소 i의 최소다항식이다.

정리

체 E가 체 F의 확대체이고 원소 $a \in E$가 체 F 위에서 대수적일 때 만일 적당한 $g(x) \in F[x]$가 존재하여 $g(a)=0$이면 $f(x) \in F[x]$를 체 F 위에서 a의 최소다항식이라고 할 때 $g(x)=f(x)q(x)$를 만족시키는 다항식 $q(x) \in F[x]$가 존재한다.

증명 $f(x), g(x) \in F[x]$이므로 적당한 다항식 $q(x), r(x) \in F[x]$가 존재하여

$$g(x)=f(x)q(x)+r(x)$$

이다. 이때 $r(x)=0$ 또는 $\deg r(x) < \deg f(x)$이다. 그러므로

$$g(a)=f(a)q(a)+r(a)$$

이고 $g(a)=0=f(a)$이므로 $r(a)=0$이다. 그런데 다항식 $f(x)$가 체 F 위에서 a의 최소다항식이므로 $r(x)=0$이다. 그러므로 $g(x)=f(x)q(x)$가 성립하는 다항식 $q(x) \in F[x]$가 존재한다. ◪

예제 다항식 $f(x)=x-3 \in \mathbb{Q}[x]$는 $\mathbb{Q}$ 위에서 원소 3의 최소다항식이다. 만일 다항식 $g(x) \in \mathbb{Q}[x]$에 대하여 $g(3)=0$이면 적당한 다항식 $q(x), r(x) \in \mathbb{Q}[x]$가 존재하여

$$g(x)=f(x)q(x)+r(x)$$

이다. 이때 $r(x)=0$ 또는 $\deg r(x) < \deg f(x)$이다. 따라서

$$g(3)=f(3)q(3)+r(3)$$

이고 $g(3)=0=f(3)$이므로 $r(3)=0$이다. 그런데 $\deg f(x)=1$이므로 $r(x)=0$이다. 그러므로 $g(x)=f(x)q(x)$인 다항식 $q(x) \in \mathbb{Q}[x]$가 존재한다.

예제 다항식 $f(x)=x^2-3 \in \mathbb{Q}[x]$는 $\mathbb{Q}$ 위에서 $\sqrt{3}$의 최소다항식이다. 만일 다항식 $g(x) \in \mathbb{Q}[x]$에 대하여 $g(\sqrt{3})=0$이라면 적당한 다항식 $q(x), r(x) \in \mathbb{Q}[x]$가 존재하여

$$g(x)=f(x)q(x)+r(x)$$

이다. 여기서 $r(x)=0$ 또는 $\deg r(x) < \deg f(x)$이다. 한편

$$g(\sqrt{3}) = f(\sqrt{3})q(\sqrt{3}) + r(\sqrt{3})$$

이고 $f(\sqrt{3}) = 0 = g(\sqrt{3})$이므로 $r(\sqrt{3}) = 0$이다.

만일 $r(x) \neq 0$이라면 $\deg r(x) = 0$ 또는 $\deg r(x) = 1$이다. 그런데 $r(\sqrt{3}) = 0$이므로 $\deg r(x) \neq 0$이다. 따라서 $\deg r(x) = 1$이므로 적당한 유리수 a와 b가 존재하여 $r(x) = ax + b \in \mathbb{Q}[x]$로 나타낼 수 있고 $r(\sqrt{3}) = a\sqrt{3} + b = 0$이다. 그런데 이는 모순이므로 $r(x) = 0$이다. 따라서 $g(x) = f(x)q(x)$인 다항식 $q(x) \in \mathbb{Q}[x]$가 존재한다.

예제 다항식 $f(x) = x^2 + 1 \in \mathbb{Q}[x]$는 $\mathbb{Q}$ 위에서 i의 최소다항식이다.

만일 다항식 $g(x) \in \mathbb{Q}[x]$에 대하여 $g(i) = 0$이라면 적당한 다항식 $q(x), r(x) \in \mathbb{Q}[x]$가 존재하여

$$g(x) = f(x)q(x) + r(x)$$

이다. 여기서 $r(x) = 0$ 또는 $\deg r(x) < \deg f(x)$이다. 한편

$$g(i) = f(i)q(i) + r(i) = r(i)$$

이고 $g(i) = 0$이므로 $r(i) = 0$이다.

만일 $r(x) \neq 0$이라면 $\deg r(x) = 0$ 또는 $\deg r(x) = 1$이다. 그런데 $r(i) = 0$이므로 $\deg r(x) \neq 0$이다. 따라서 $\deg r(x) = 1$이고 적당한 유리수 a와 b가 존재하여 $r(x) = ax + b \in \mathbb{Q}[x]$로 나타낼 수 있으므로 $r(i) = ai + b = 0$이다. 그런데 이는 모순이므로 $r(x) = 0$이다. 즉, $g(x) = f(x)q(x)$인 다항식 $q(x) \in \mathbb{Q}[x]$가 존재한다.

정의

체 E가 체 F의 확대체이고 원소 $a, b \in E$가 체 F 위에서 대수적이고 다항식 $f(x) \in F[x]$가 체 F 위에서 a의 최소다항식이고 다항식 $g(x) \in F[x]$가 체 F 위에서 b의 최소다항식일 때 $f(x) = g(x)$이면 원소 a와 b는 서로 **켤레(conjugate)**라고 한다.

예제 원소 $\sqrt{3}, -\sqrt{3} \in \mathbb{R}$은 다항식 $f(x) = x^2 - 3 \in \mathbb{Q}[x]$에 대하여 $f(\sqrt{3}) = 0$, $f(-\sqrt{3}) = 0$을 만족시키므로 $\sqrt{3}$과 $-\sqrt{3}$는 모두 $\mathbb{Q}$ 위에서 대수적이다. 또한 $\mathbb{Q}$ 위

에서 원소 $\sqrt{3}$의 최소다항식은 $f(x)=x^2-3$이고 $\mathbb{Q}$ 위에서 원소 $-\sqrt{3}$의 최소다항식은 $f(x)=x^2-3$이다. 따라서 $\sqrt{3}$과 $-\sqrt{3}$는 서로 켤레이다.

예제 원소 $i, -i \in \mathbb{Q}(i)$는 다항식 $f(x)=x^2+1 \in \mathbb{Q}[x]$에 대하여 $f(i)=0$, $f(-i)=0$을 만족시키므로 i와 $-i$는 모두 $\mathbb{Q}$ 위에서 대수적이다. 또한 $\mathbb{Q}$ 위에서 원소 i의 최소다항식은 $f(x)=x^2+1$이고 $\mathbb{Q}$ 위에서 $-i$의 최소다항식은 $f(x)=x^2+1$이다. 따라서 원소 i와 $-i$는 서로 켤레이다.

정리

체 E가 체 F의 확대체이고 원소 $a,b \in E$가 체 F 위에서 대수적일 때 a와 b가 서로 켤레이기 위한 필요충분조건은 다음과 같이 정의된 동형사상 ϕ가 존재한다.

$$\phi : F(a) \to F(b), \qquad \phi(c)=\begin{cases} c, & c \in F \\ b, & c=a \end{cases}$$

증명 우선 원소 a와 b가 서로 켤레라고 가정하자. 그러면

$$irr(a,F)=irr(b,F)$$

이다. $f(x)=irr(a,F)=irr(b,F)$이라고 놓고 $\deg f(x)=n$이라고 놓으면 다음과 같은 동형사상이 존재한다.

$$\psi_1 : F[x]/\langle f(x)\rangle \to F(a), \qquad \psi_1\left(\sum_{i=0}^{n-1} c_i x^i+\langle f(x)\rangle\right)=\sum_{i=0}^{n-1} c_i a^i$$

$$\psi_2 : F[x]/\langle f(x)\rangle \to F(b), \qquad \psi_2\left(\sum_{i=0}^{n-1} c_i x^i+\langle f(x)\rangle\right)=\sum_{i=0}^{n-1} c_i b^i$$

이제 $\phi=\psi_2\psi_1^{-1}$으로 놓으면 $\phi : F(a) \to F(b)$는 동형사상이고

$$\phi\left(\sum_{i=0}^{n-1} c_i a^i\right)=\psi_2\left(\sum_{i=0}^{n-1} c_i x^i+\langle f(x)\rangle\right)=\sum_{i=0}^{n-1} c_i b^i$$

이다.

특별히 임의의 원소 $c \in F$에 대하여

$$\phi(c)=\psi_2\psi_1^{-1}(c)=\psi_2(c+\langle f(x)\rangle)=c$$

이고

$$\phi(a)=\psi_2\psi_1^{-1}(a)=\psi_2(x+\langle f(x)\rangle)=b$$

이므로

$$\phi(c)=\begin{cases} c, & c\in F \\ b, & c=a \end{cases}$$

이다.

역으로 다음과 같이 정의된 동형사상 ϕ가 존재한다고 가정하자.

$$\phi: F(a) \to F(b), \qquad \phi(c)=\begin{cases} c, & c\in F \\ b, & c=a \end{cases}$$

만일 $irr(a,F)=\sum_{i=0}^{n}\alpha_i x^i$이라고 놓으면 $\sum_{i=0}^{n}\alpha_i a^i=0$이다. 따라서

$$\phi\left(\sum_{i=0}^{n}\alpha_i a^i\right)=0$$

이다. 그런데

$$\phi\left(\sum_{i=0}^{n}\alpha_i a^i\right)=\sum_{i=0}^{n}\phi(\alpha_i)\phi(a^i)=\sum_{i=0}^{n}\alpha_i b^i$$

이므로

$$\sum_{i=0}^{n}\alpha_i b^i=0$$

이다. 그러므로

$$irr(b,F)\mid irr(a,F)$$

이다.

이제 $irr(b,F)=\sum_{i=0}^{m}\beta_i x^i$이라고 놓으면 $\sum_{i=0}^{m}\beta_i b^i=0$이다. 따라서

$$\phi^{-1}\left(\sum_{i=0}^{m}\beta_i b^i\right)=0$$

이다. 그런데

$$\phi^{-1}\left(\sum_{i=0}^{m}\beta_i b^i\right)=\sum_{i=0}^{m}\phi^{-1}(\beta_i)\phi^{-1}(b^i)=\sum_{i=0}^{m}\beta_i a^i$$

이므로

$$\sum_{i=0}^{m}\beta_i a^i=0$$

이다. 따라서

$$irr(a,F)\mid irr(b,F)$$

이다.

한편 다항식 $irr(a,F)$와 $irr(b,F)$의 최고차항의 계수는 모두 1이므로

$$irr(a,F)=irr(b,F)$$

이다. 따라서 a와 b는 서로 켤레이다. ◪

정리

체 E가 체 F의 확대체이고 원소 $a\in E$가 체 F 위에서 초월적이면 다음 동형관계가 성립한다.

$$F(x)\cong F(a)$$

증명 $\psi : F(x)\to F(a)$를 임의의 다항식 $g(x), h(x)\in F[x]$, $h(x)\neq 0$에 대하여

$$\psi\left(\frac{f(x)}{g(x)}\right)=f(a)g(a)^{-1}$$

로 정의하자. 그러면 다음 성질이 성립한다.

(i) $\psi\left(\frac{f(x)}{g(x)}+\frac{h(x)}{k(x)}\right)=\psi\left(\frac{f(x)k(x)+g(x)h(x)}{g(x)k(x)}\right)$

$$=\{f(a)k(a)+g(a)h(a)\}\{g(a)k(a)\}^{-1}$$

$$=f(a)k(a)k(a)^{-1}g(a)^{-1}+g(a)h(a)k(a)^{-1}g(a)^{-1}$$

$$=f(a)g(a)^{-1}+h(a)k(a)^{-1}$$

$$
\begin{aligned}
&= \psi\left(\frac{f(x)}{g(x)}\right) + \psi\left(\frac{h(x)}{k(x)}\right) \\
\psi\left(\frac{f(x)}{g(x)}\frac{h(x)}{k(x)}\right) &= \psi\left(\frac{f(x)h(x)}{g(x)k(x)}\right) \\
&= \{f(a)h(a)\}\{g(a)k(a)\}^{-1} \\
&= f(a)g(a)^{-1}h(a)k(a)^{-1} \\
&= \psi\left(\frac{f(x)}{g(x)}\right)\psi\left(\frac{h(x)}{k(x)}\right)
\end{aligned}
$$

(ii) $\ker\psi = \left\{\frac{f(x)}{g(x)} \in F(x) \mid \psi\left(\frac{f(x)}{g(x)}\right) = 0\right\}$

$$
\begin{aligned}
&= \left\{\frac{f(x)}{g(x)} \in F(x) \mid f(a)g(a)^{-1} = 0\right\} \\
&= \left\{\frac{f(x)}{g(x)} \in F(x) \mid f(a) = 0\right\}
\end{aligned}
$$

그런데 원소 $a \in E$가 F 위에서 초월적이므로 $f(a)=0$을 만족시키는 다항식 $f(x) \in F[x]$는 $f(x)=0$이어야 한다. 따라서

$$
\ker\psi = \left\{\frac{f(x)}{g(x)} \in F(x) \mid f(x) = 0\right\} = \{0\}
$$

이다.

그러므로 (i)과 (ii)로부터

$$
F(x) \cong \psi(F(x))
$$

임을 알 수 있다. 또한 $F(x)$는 체이므로 $\psi(F(x))$는 체이다. 한편 임의의 원소 $b \in F$에 대하여 $\psi(b)=b$이고 $\psi(x)=a$이므로 $\psi(F(x))$는 체 F와 원소 a를 포함하는 체이다. 그런데 체 $F(a)$는 체 F와 원소 a를 포함하는 가장 작은 체이므로 $F(a) \subset \psi(F(x))$이다. 그러므로 $\psi(F(x)) = F(a)$이다.

결과적으로 ψ는 동형사상이므로 $F(x) \cong F(a)$이다. ◪

연습문제

1. 다음에 주어진 체 F와 체 E에 대하여 원소 $a\in E$가 체 F 위에서 대수적인지 판정하고 이를 증명하시오.

   (1) $F=\mathbb{Q}$, $E=\mathbb{Q}$, $a=8$
   (2) $F=\mathbb{Q}$, $E=\mathbb{R}$, $a=\sqrt{21}$
   (3) $F=\mathbb{R}$, $E=\mathbb{C}$, $a=1+\sqrt{2}$
   (4) $F=\mathbb{Q}$, $E=\mathbb{C}$, $a=1+i$

2. 체 $\mathbb{R}$ 위에서 원소 $\sqrt{5}\in\mathbb{R}$의 최소다항식을 구하시오.

3. 체 $\mathbb{Q}$ 위에서 원소 $\sqrt{5}\in\mathbb{Q}(\sqrt{5})$의 최소다항식을 구하시오.

4. 체 $\mathbb{Q}$ 위에서 원소 $-i\in\mathbb{C}$의 최소다항식을 구하시오.

5. 원소 $\sqrt{7}, -\sqrt{7}\in\mathbb{R}$이 서로 켤레인지 판정하고 이를 증명하시오.

6. 원소 $\sqrt{7}, \sqrt{11}\in\mathbb{R}$이 서로 켤레인지 판정하고 이를 증명하시오.

CHAPTER

7

유한 확대체
(Finite Extension Fields)

이 장에서는 유한확대체와 분리확대체의 기본적인 성질에 대해서 살펴본다.

정의

체 E가 체 F의 확대체이고 $\dim_F E = n$이면 체 E를 체 F 위의 차수가 n인 확대체라고 한다. 이때 E를 F의 **유한확대체**(finite extension field)라고 하고 $[E : F] = n$으로 나타낸다. 만일 $\dim_F E = \infty$이라면 E를 F의 **무한확대체**(infinite extension field)라고 하고 $[E : F] = \infty$으로 나타낸다.

예제 집합 $\mathscr{B} = \{1, \sqrt{2}\}$는 체 $\mathbb{Q}$ 위의 벡터공간 $\mathbb{Q}(\sqrt{2})$의 기저이므로

$$\dim_{\mathbb{Q}} \mathbb{Q}(\sqrt{2}) = 2$$

이다. 따라서 $\mathbb{Q}(\sqrt{2})$는 $\mathbb{Q}$의 유한확대체이고

$$[\mathbb{Q}(\sqrt{2}) : \mathbb{Q}] = 2$$

예제 집합 $\mathscr{B} = \{1, i\}$는 체 $\mathbb{R}$ 위의 벡터공간 $\mathbb{R}(i)$의 기저이므로

$$\dim_{\mathbb{R}} \mathbb{R}(i) = 2$$

이다. 따라서 $\mathbb{R}(i)$는 $\mathbb{R}$의 유한확대체이고

$$[\mathbb{R}(i) : \mathbb{R}] = 2$$

예제 집합 $\mathscr{B} = \{1, \sqrt{5}\,i\}$는 체 $\mathbb{Q}$ 위의 벡터공간 $\mathbb{Q}(\sqrt{5}\,i)$의 기저이므로

$$\dim_{\mathbb{Q}} \mathbb{Q}(\sqrt{5}\,i) = 2$$

이다. 따라서 $\mathbb{Q}(\sqrt{5}\,i)$는 $\mathbb{Q}$의 유한확대체이고

$$[\mathbb{Q}(\sqrt{5}\,i) : \mathbb{Q}] = 2$$

예제 집합 $\mathscr{B} = \{1, \sqrt[3]{5}, \sqrt[3]{25}\}$는 체 $\mathbb{Q}$ 위의 벡터공간 $\mathbb{Q}(\sqrt[3]{5})$의 기저이므로

$$\dim_{\mathbb{Q}} \mathbb{Q}(\sqrt[3]{5}) = 3$$

이다. 따라서 $\mathbb{Q}(\sqrt[3]{5})$는 $\mathbb{Q}$의 유한확대체이고

$$[\mathbb{Q}(\sqrt[3]{5}):\mathbb{Q}]=3$$

예제 체 $\mathbb{Q}$ 위의 벡터공간 $\mathbb{C}$에 대하여

$$\dim_{\mathbb{Q}}\mathbb{C}=\infty$$

이므로 $\mathbb{C}$는 $\mathbb{Q}$의 무한확대체이다. 따라서

$$[\mathbb{C}:\mathbb{Q}]=\infty$$

정리

체 E가 체 F의 확대체이면 $[E:F]=1$이기 위한 필요충분조건은 $E=F$인 것이다.

증명 우선 $[E:F]=1$이라고 가정하자. 그러면 체 F 위에서 벡터공간 E의 차원은 1이다. 따라서 집합 $\mathscr{B}=\{1\}$은 E의 기저가 된다. 그러므로 임의의 원소 $b\in E$를 택하면 적당한 원소 $c\in F$가 존재하여 $b=c\times 1=c$이다. 즉, $b\in F$이므로 $E\subset F$이다. 또한 E는 체 F의 확대체이므로 $F\subset E$이다. 따라서 $E=F$이다.
역으로 $E=F$이라고 가정하면 $\dim_F E=1$이므로 $[E:F]=1$이다. ◪

정리

체 E가 체 F의 확대체이고 원소 $a\in E$가 체 F 위에서 대수적일 때 F 위에서 a의 최소다항식 $f(x)\in F[x]$의 차수가 n이면 $[F(a):F]=n$이다.

증명 체 F 위에서 원소 a의 최소다항식 $f(x)\in F[x]$의 차수가 n이면 집합

$$\mathscr{B}=\{1, a, a^2, \cdots, a^{n-1}\}$$

는 F 위에서 정의된 벡터공간 $F(a)$의 기저이므로

$$\dim_F F(a)=n$$

이다. 그러므로 $[F(a):F]=n$이다. ◪

예제 체 $\mathbb{Q}$ 위에서 원소 $\sqrt{2} \in \mathbb{Q}(\sqrt{2})$의 최소다항식은 $f(x) = x^2 - 2$이고 $f(x)$의 차수는 2이므로 $[\mathbb{Q}(\sqrt{2}) : \mathbb{Q}] = 2$이다.

예제 체 $\mathbb{Q}$ 위에서 원소 $\sqrt[3]{5} \in \mathbb{Q}(\sqrt[3]{5})$의 최소다항식은 $f(x) = x^3 - 5$이고 $f(x)$의 차수는 3이므로 $[\mathbb{Q}(\sqrt[3]{5}) : \mathbb{Q}] = 3$이다.

정리

체 E가 체 F의 확대체이고 적당한 자연수 n이 존재하여 $[E : F] = n$이면 체 E는 체 F의 대수적 확대체이다.

증명 가정에 의하여 $[E : F] = n$이므로 임의의 원소 $a \in E$에 대하여 $n+1$개의 벡터

$$1, a, a^2, \cdots, a^n$$

는 일차종속이다. 따라서 모두는 0이 아닌 적당한 원소 $\alpha_0, \alpha_1, \cdots, \alpha_n \in F$가 존재하여

$$\sum_{i=0}^{n} \alpha_i a^i = 0$$

이다. 만일

$$f(x) = \sum_{i=0}^{n} \alpha_i x^i$$

라고 놓으면 $f(x) \in F[x]$이고 $f(a) = 0$이다. 따라서 원소 $a \in E$는 체 F 위에서 대수적이다. 그러므로 E는 F의 대수적 확대체이다. ◪

예제 $[\mathbb{Q}(\sqrt{2}) : \mathbb{Q}] = 2$이므로 $\mathbb{Q}(\sqrt{2})$는 $\mathbb{Q}$의 대수적 확대체이다.

예제 $[\mathbb{R}(i) : \mathbb{R}] = 2$이므로 $\mathbb{R}(i)$는 $\mathbb{R}$의 대수적 확대체이다.

예제 $[\mathbb{Q}(\sqrt{5}\,i) : \mathbb{Q}] = 2$이므로 $\mathbb{Q}(\sqrt{5}\,i)$는 $\mathbb{Q}$의 대수적 확대체이다.

예제 $[\mathbb{Q}(\sqrt[3]{5}):\mathbb{Q}]=3$이므로 $\mathbb{Q}(\sqrt[3]{5})$는 $\mathbb{Q}$의 대수적 확대체이다.

정리

체 E가 체 F의 확대체이고 체 K가 체 E의 확대체일 때 $[E:F]=m$이고 $[K:E]=n$이면 $[K:F]=mn$이다.

증명 가정에 의하여 $[E:F]=m$이고 $[K:E]=n$이므로 $\mathcal{B}_1=\{a_1,a_2,\cdots,a_m\}$을 체 F 위에서 벡터공간 E의 기저, $\mathcal{B}_2=\{b_1,b_2,\cdots,b_n\}$를 체 E 위에서 벡터공간 K의 기저라고 놓자.
그러면 임의의 원소 $a\in K$에 대하여 적당한 원소 $\alpha_i\in E$가 존재하여

$$a=\sum_{i=1}^{n}\alpha_i b_i$$

이다. 한편 각각의 원소 $\alpha_i\in E$에 대하여 적당한 원소 $\beta_{ij}\in F$가 존재하여

$$\alpha_i=\sum_{j=1}^{m}\beta_{ij}a_j$$

이다. 그러므로

$$a=\sum_{i=1}^{n}\alpha_i b_i=\sum_{i=1}^{n}\left(\sum_{j=1}^{m}\beta_{ij}a_j\right)b_i=\sum_{i=1}^{n}\sum_{j=1}^{m}\beta_{ij}(a_jb_i)$$

이다. 따라서 집합

$$\mathcal{B}=\{a_jb_i \mid j=1,2,\cdots,m,\ i=1,2,\cdots,n\}$$

에 대하여

$$K=span(\mathcal{B})$$

이다. 한편

$$\sum_{i=1}^{n}\sum_{j=1}^{m}\beta_{ij}(a_jb_i)=0$$

이라고 가정하면 $\mathcal{B}_2$가 K의 기저이므로

$$\sum_{j=1}^{n} \beta_{ij} a_j = 0$$

이고 $\mathscr{B}_1$은 E의 기저이므로

$$\beta_{ij} = 0, \qquad i = 1,2,\cdots,m, \quad j = 1,2,\cdots,n$$

이다. 따라서 체 K에 속하는 mn개의 벡터

$$a_j b_i, \qquad i = 1,2,\cdots,m, \quad j = 1,2,\cdots,n$$

는 일차독립이다. 결과적으로 집합

$$\mathscr{B} = \{a_j b_i \mid j = 1,2,\cdots,m,\ i = 1,2,\cdots,n\}$$

는 체 F 위에서 벡터공간 K의 기저이다.
그러므로 $[K:F] = mn$이다. ◪

예제 체 $\mathbb{Q}$의 확대체 $\mathbb{Q}(\sqrt{5})$와 체 $\mathbb{Q}(\sqrt{5})$의 확대체 $\mathbb{Q}(\sqrt{5}, i)$에 대하여 집합 $\mathscr{B}_1 = \{1, \sqrt{5}\}$은 $\mathbb{Q}$ 위에서 벡터공간 $\mathbb{Q}(\sqrt{5})$의 기저이므로

$$[\mathbb{Q}(\sqrt{5}) : \mathbb{Q}] = 2$$

이다. 또한 집합 $\mathscr{B}_2 = \{1, i\}$는 $\mathbb{Q}(\sqrt{5})$ 위에서 벡터공간 $\mathbb{Q}(\sqrt{5}, i)$의 기저이므로

$$[\mathbb{Q}(\sqrt{5}, i) : \mathbb{Q}(\sqrt{5})] = 2$$

이다. 그러므로

$$[\mathbb{Q}(\sqrt{5}, i) : \mathbb{Q}] = [\mathbb{Q}(\sqrt{5}, i) : \mathbb{Q}(\sqrt{5})][\mathbb{Q}(\sqrt{5}) : \mathbb{Q}] = 4$$

이다. 또한 집합

$$\mathscr{B} = \{1, \sqrt{5}, i, \sqrt{5}\, i\}$$

는 $\mathbb{Q}$ 위에서 벡터공간 $\mathbb{Q}(\sqrt{5}, i)$의 기저이다.

예제 체 $\mathbb{Q}$의 확대체 $\mathbb{Q}(\sqrt{5})$와 체 $\mathbb{Q}(\sqrt{5})$의 확대체 $\mathbb{Q}(\sqrt{2}, \sqrt{5})$에 대하여 집합 $\mathscr{B}_1 = \{1, \sqrt{5}\}$은 $\mathbb{Q}$ 위에서 벡터공간 $\mathbb{Q}(\sqrt{5})$의 기저이므로

$$[\mathbb{Q}(\sqrt{5}) : \mathbb{Q}] = 2$$

이다. 또한 집합 $\mathscr{B}_2=\{1, \sqrt{2}\}$는 $\mathbb{Q}(\sqrt{5})$ 위에서 벡터공간 $\mathbb{Q}(\sqrt{2}, \sqrt{5})$의 기저이므로

$$[\mathbb{Q}(\sqrt{2}, \sqrt{5}) : \mathbb{Q}(\sqrt{5})]=2$$

이다. 그러므로

$$[\mathbb{Q}(\sqrt{2}, \sqrt{5}) : \mathbb{Q}]=[\mathbb{Q}(\sqrt{2}, \sqrt{5}) : \mathbb{Q}(\sqrt{5})][\mathbb{Q}(\sqrt{5}) : \mathbb{Q}]=4$$

이다. 또한 집합

$$\mathscr{B}=\{1, \sqrt{2}, \sqrt{5}, \sqrt{10}\}$$

는 $\mathbb{Q}$ 위에서 벡터공간 $\mathbb{Q}(\sqrt{2}, \sqrt{5})$의 기저이다.

예제 체 $\mathbb{Q}$의 확대체 $\mathbb{Q}(\sqrt{5})$와 체 $\mathbb{Q}(\sqrt{5})$의 확대체 $\mathbb{Q}(\sqrt{5}, \sqrt[3]{2})$에 대하여 $\mathscr{B}_1=\{1, \sqrt{5}\}$는 $\mathbb{Q}$ 위에서 벡터공간 $\mathbb{Q}(\sqrt{5})$의 기저이므로

$$[\mathbb{Q}(\sqrt{5}) : \mathbb{Q}]=2$$

이다. 또한 다항식 $f(x)=x^3-2\in\mathbb{Q}(\sqrt{5})[x]$에 대하여 $f(\sqrt[3]{2})=0$이므로

$$[\mathbb{Q}(\sqrt{5}, \sqrt[3]{2}) : \mathbb{Q}(\sqrt{5})]\leq 3$$

이다. 따라서

$$[\mathbb{Q}(\sqrt{5}, \sqrt[3]{2}) : \mathbb{Q}]=[\mathbb{Q}(\sqrt{5}, \sqrt[3]{2}) : \mathbb{Q}(\sqrt{5})][\mathbb{Q}(\sqrt{5}) : \mathbb{Q}]\leq 6$$

이다. 그런데

$$[\mathbb{Q}(\sqrt{5}, \sqrt[3]{2}) : \mathbb{Q}]=[\mathbb{Q}(\sqrt{5}, \sqrt[3]{2}) : \mathbb{Q}(\sqrt[3]{2})][\mathbb{Q}(\sqrt[3]{2}) : \mathbb{Q}]$$

이고

$$[\mathbb{Q}(\sqrt[3]{2}) : \mathbb{Q}]=3$$

이므로 $[\mathbb{Q}(\sqrt{5}, \sqrt[3]{2}) : \mathbb{Q}]$는 3의 배수이다.

한편 $[\mathbb{Q}(\sqrt{5}) : \mathbb{Q}]=2$이므로 $[\mathbb{Q}(\sqrt{5}, \sqrt[3]{2}) : \mathbb{Q}]$는 2의 배수이다.

즉, $[\mathbb{Q}(\sqrt{5}, \sqrt[3]{2}) : \mathbb{Q}]$는 6의 배수이므로 결과적으로

$$[\mathbb{Q}(\sqrt{5}, \sqrt[3]{2}) : \mathbb{Q}]=6$$

이다. 한편 집합 $\mathscr{B}_1=\{1, \sqrt{5}\}$은 $\mathbb{Q}(\sqrt[3]{2})$ 위에서 벡터공간 $\mathbb{Q}(\sqrt{5}, \sqrt[3]{2})$의 기저이고

집합 $\mathscr{B}_2 = \{1, \sqrt[3]{2}, \sqrt[3]{4}\}$는 $\mathbb{Q}$ 위에서 벡터공간 $\mathbb{Q}(\sqrt[3]{2})$의 기저이므로 집합

$$\mathscr{B} = \{1, \sqrt[3]{2}, \sqrt[3]{4}, \sqrt{5}, \sqrt{5}\sqrt[3]{2}, \sqrt{5}\sqrt[3]{4}\}$$

는 $\mathbb{Q}$ 위에서 벡터공간 $\mathbb{Q}(\sqrt{5}, \sqrt[3]{2})$의 기저이다.

예제 체 $\mathbb{Q}$의 확대체 $\mathbb{Q}(\sqrt{5}+\sqrt{2})$에 대하여

$$[\mathbb{Q}(\sqrt{5}+\sqrt{2}) : \mathbb{Q}] = 4$$

임을 다음과 같이 보일 수 있다.

우선 $\sqrt{5}+\sqrt{2}, \sqrt{5}-\sqrt{2} \in \mathbb{Q}(\sqrt{5}+\sqrt{2})$이므로 $\sqrt{5}, \sqrt{2} \in \mathbb{Q}(\sqrt{5}+\sqrt{2})$이다. 그런데 $\mathbb{Q}(\sqrt{5}, \sqrt{2})$는 체 $\mathbb{Q}$와 원소 $\sqrt{5}$와 $\sqrt{2}$를 포함하는 가장 작은 체이므로

$$\mathbb{Q}(\sqrt{5}, \sqrt{2}) \subset \mathbb{Q}(\sqrt{5}+\sqrt{2})$$

이 성립한다. 한편 $\sqrt{5}+\sqrt{2} \in \mathbb{Q}(\sqrt{5}, \sqrt{2})$이고 $\mathbb{Q}(\sqrt{5}+\sqrt{2})$는 체 $\mathbb{Q}$와 원소 $\sqrt{5}+\sqrt{2}$를 포함하는 가장 작은 체이므로

$$\mathbb{Q}(\sqrt{5}+\sqrt{2}) \subset \mathbb{Q}(\sqrt{5}, \sqrt{2})$$

이다. 따라서

$$\mathbb{Q}(\sqrt{5}, \sqrt{2}) = \mathbb{Q}(\sqrt{5}+\sqrt{2})$$

이다. 한편 $[\mathbb{Q}(\sqrt{5}, \sqrt{2}) : \mathbb{Q}] = 4$이므로

$$[\mathbb{Q}(\sqrt{5}+\sqrt{2}) : \mathbb{Q}] = 4$$

이다. 또한 집합 $\mathscr{B} = \{1, \sqrt{2}, \sqrt{5}, \sqrt{10}\}$는 $\mathbb{Q}$ 위에서 벡터공간 $\mathbb{Q}(\sqrt{2}, \sqrt{5})$의 기저이므로 집합

$$\mathscr{B} = \{1, \sqrt{2}, \sqrt{5}, \sqrt{10}\}$$

는 $\mathbb{Q}$ 위에서 벡터공간 $\mathbb{Q}(\sqrt{5}+\sqrt{2})$의 기저이다.

정리

체 E가 체 F의 대수적 확대체이고 체 K가 체 E의 대수적 확대체이면 체 K는 체 F의 대수적 확대체이다.

증명 체 K가 체 E의 대수적 확대체이므로 임의의 원소 $a \in K$에 대하여 적당한 기약 다항식 $f(x) \in E[x]$가 존재하여 $f(a)=0$이다.
적당한 원소 $a_0, a_1, \cdots, a_n \in E$에 대하여 $f(x)=\sum_{i=0}^{n} a_i x^i$이라고 놓으면 각각의 원소 a_i는 F 위에서 대수적이다. 한편,

$$
\begin{aligned}
[F(a_0,a_1,\cdots,a_n)(a):F] = & [F(a_0,a_1,\cdots,a_n)(a):F(a_0,a_1,\cdots,a_n)] \\
& \times [F(a_0,a_1,\cdots,a_n):F(a_0,a_1,\cdots,a_{n-1})] \\
& \vdots \qquad\qquad \vdots \\
& \times [F(a_0,a_1):F(a_0)] \\
& \times [F(a_0):F]
\end{aligned}
$$

이다. 그런데

$$
\begin{gathered}
[F(a_0,a_1,\cdots,a_n)(a):F(a_0,a_1,\cdots,a_n)] < \infty \\
[F(a_0,a_1,\cdots,a_n):F(a_0,a_1,\cdots,a_{n-1})] < \infty \\
\vdots \\
[F(a_0,a_1):F(a_0)] < \infty \\
[F(a_0):F] < \infty
\end{gathered}
$$

이므로

$$[F(a_0,a_1,\cdots,a_n)(a):F] < \infty$$

이다. 따라서 체 $F(a_0,a_1,\cdots,a_n)(a)$는 체 F의 유한확대체이므로 체 $F(a_0,a_1,\cdots,a_n)(a)$는 체 F의 대수적 확대체이다. 그러므로 원소 $a \in K$는 체 F 위에서 대수적이다. 결과적으로 K는 F의 대수적 확대체이다. ◾

예제 체 $\mathbb{Q}(\sqrt{5})$는 $\mathbb{Q}$의 대수적 확대체이고 체 $\mathbb{Q}(\sqrt{5}, i)$는 $\mathbb{Q}(\sqrt{5})$의 대수적 확대체이므로 체 $\mathbb{Q}(\sqrt{5}, i)$는 $\mathbb{Q}$의 대수적 확대체이다.

예제 체 $\mathbb{Q}(\sqrt{5})$는 $\mathbb{Q}$의 대수적 확대체이고 체 $\mathbb{Q}(\sqrt{2},\sqrt{5})$는 $\mathbb{Q}(\sqrt{5})$의 대수적 확대체이므로 체 $\mathbb{Q}(\sqrt{2},\sqrt{5})$는 $\mathbb{Q}$의 대수적 확대체이다.

예제 체 $\mathbb{Q}(\sqrt{5})$는 $\mathbb{Q}$의 대수적 확대체이고 체 $\mathbb{Q}(\sqrt{5},\sqrt[3]{2})$는 $\mathbb{Q}(\sqrt{5})$의 대수적 확대체이므로 체 $\mathbb{Q}(\sqrt{5},\sqrt[3]{2})$는 $\mathbb{Q}$의 대수적 확대체이다.

정리

체 E가 체 F의 확대체일 때 집합

$$K=\{a\in E\,|\,a\text{는 }F\text{위에서 대수적이다}\}$$

는 체 F의 확대체이고 E의 부분체이다.

증명 임의의 원소 $a,b\in K$에 대하여

$$[F(a,b):F]=[F(a,b):F(b)][F(b):F]$$

이다. 그런데 원소 a와 b는 F 위에서 대수적이므로 $F(b)$ 위에서 대수적이다. 따라서

$$[F(b):F]<\infty$$

이고

$$[F(a,b):F(b)]<\infty$$

이다. 즉,

$$[F(a,b):F]=[F(a,b):F(b)][F(b):F]<\infty$$

이므로 체 $F(a,b)$는 F의 대수적 확대체이다. 따라서

$$a-b,ab\in K,\qquad a^{-1}\in K\quad(a\neq 0)$$

이므로 K는 체가 됨을 알 수 있다.
또한 임의의 원소 $a\in F$는 F 위에서 대수적이므로 $F\subset K$이고, $K\subset E$이므로 결과적으로 K는 F의 확대체이고 E의 부분체이다. ◪

정의

체 E가 체 F의 확대체일 때 다음을 만족시키면 F를 **대수적으로 닫힌 체**(algebraically closed field)라고 한다.

"체 E가 체 F의 대수적 확대체이면 $E=F$이다."

참고
1. F가 대수적으로 닫힌 체이면 F의 대수적인 확대체는 F뿐이다.
2. F가 대수적으로 닫힌 체이고 다항식 $f(x)\in F[x]$가 기약다항식이면 $\deg f(x)=1$이다.
3. F가 대수적으로 닫힌 체이면 다항식 $f(x)\in F[x]$에 대하여 $f(a)=0$인 원소 $a\in F$가 존재한다.

정리

체 F가 대수적으로 닫힌 체이기 위한 필요충분조건은 다항식환 $F[x]$에 속하는 임의의 다항식은 일차다항식의 곱으로 분해되는 것이다.

증명 우선 체 F가 대수적으로 닫힌 체라고 가정하자. 그러면 임의의 n차 다항식 $f(x)\in F[x]$에 대하여 적당한 원소 $a_1\in F$이 존재하여 $f(a_1)=0$이다. 따라서 $f(x)=(x-a_1)f_1(x)$인 다항식 $f_1(x)\in F[x]$가 존재한다. F가 대수적으로 닫힌 체이므로 마찬가지로 적당한 원소 $a_2\in F$가 존재하여 $f_1(a_2)=0$이다. 따라서 $f(x)=(x-a_1)(x-a_2)f_2(x)$인 다항식 $f_2(x)\in F[x]$가 존재한다. 이 과정을 반복하면 적당한 원소 $b, a_i\in F,\ i=1,2,\cdots,n$가 존재하여

$$f(x)=b(x-a_1)(x-a_2)\cdots(x-a_n)$$

으로 나타낼 수 있다. 그러므로 $f(x)$는 일차다항식의 곱으로 분해된다.
역으로 다항식환 $F[x]$에 속하는 임의의 다항식은 일차다항식의 곱으로 분해된다고 가정하자. 만일 체 E가 체 F의 대수적 확대체라면 원소 $a\in E$에 대하여 적당한 다항식 $g(x)\in F[x]$가 존재하여 $g(a)=0$이다. 가정에 의하여 $g(x)$는 일차식의 곱으로 나타낼 수가 있으므로 적당한 원소 $c, d_i\in F,\ i=1,2,\cdots,n$가 존재하여

$$g(x) = c(x-d_1)(x-d_2)\cdots(x-d_n)$$

으로 나타내어진다. 따라서 적당한 d_j가 존재하여 $a = d_j$이다. 그런데

$$x - d_j \in F[x]$$

이므로 $a \in F$이다. 따라서 $E = F$이므로 체 F는 대수적으로 닫힌 체이다. ◪

정리

체 $\mathbb{C}$는 대수적으로 닫힌 체이다.

증명 체 $\mathbb{C}$가 대수적으로 닫힌 체가 아니라고 가정하자.

그러면 적당한 다항식 $f(z) \in \mathbb{C}[z] - \mathbb{C}$가 존재하여 $f(z)$는 $\mathbb{C}$에 속하는 근을 갖지 않는다. 따라서 $\dfrac{1}{f(z)}$는 전해석함수(entire function)이다.

또한 $\displaystyle\lim_{|z|\to\infty}\frac{1}{|f(z)|} = 0$이므로 $\dfrac{1}{f(z)}$는 유계이다. 따라서 Liouville의 정리에 의하여 $\dfrac{1}{f(z)}$는 상수함수이므로 적당한 원소 $a \in \mathbb{C}$가 존재하여 $\dfrac{1}{f(z)} = a$이다.

그러므로 $f(z) = \dfrac{1}{a} \in \mathbb{C}$이다. 그런데 이는 가정에 모순이므로 체 $\mathbb{C}$는 대수적으로 닫힌 체가 됨을 알 수 있다. ◪

예제 체 $\mathbb{C}$는 대수적으로 닫힌 체이므로 임의의 다항식 $f(x) \in \mathbb{C}$는 일차다항식의 곱으로 나타낼 수 있다. 예를 들어 다항식 $f(x) = x^2 + 2 \in \mathbb{C}[x]$는 다음과 같이 두 개의 일차다항식 $x + \sqrt{2}i$, $x - \sqrt{2}i \in \mathbb{C}[x]$의 곱으로 나타낼 수 있다.

$$f(x) = (x + \sqrt{2}i)(x - \sqrt{2}i)$$

예제 체 E가 $\mathbb{R}$의 유한확대체이면 $E = \mathbb{C}$ 또는 $E = \mathbb{R}$이 됨을 다음과 같이 증명할 수 있다.

체 E가 $\mathbb{R}$의 유한확대체이므로 E는 $\mathbb{R}$의 대수적 확대체이다. 그런데 $\mathbb{C}$는 대수적으로 닫힌 체이므로 $\mathbb{R} \subset E \subset \mathbb{C}$이다. 그러므로

$$[\mathbb{C} : \mathbb{R}] = [\mathbb{C} : E][E : \mathbb{R}]$$

이다. 그런데

$$[\mathbb{C} : \mathbb{R}] = 2$$

이므로

$$[\mathbb{C} : E] = 1 \quad \text{또는} \quad [E : \mathbb{R}] = 1$$

이다. 결과적으로 $E = \mathbb{C}$ 또는 $E = \mathbb{R}$ 이다.

정의

체 F의 확대체 E가 다음 조건을 모두 만족시키면 E를 F의 **대수적 폐포(algebraic closure)**라고 한다. 이때 $E = \overline{F}$로 나타내기도 한다.

(1) E는 F의 대수적 확대체이다.
(2) E는 대수적으로 닫힌 체이다.

예제 체 $\mathbb{C}$는 대수적으로 닫힌 체이고 실수체 $\mathbb{R}$의 대수적 확대체이므로 $\mathbb{C}$는 $\mathbb{R}$의 대수적 폐포이다.

예제 체 $\mathbb{Q}(\sqrt{11})$은 체 $\mathbb{Q}$의 대수적 확대체이지만 $\mathbb{Q}(\sqrt{11})$는 대수적으로 닫힌 체가 아니므로 $\mathbb{Q}(\sqrt{11})$는 $\mathbb{Q}$의 대수적 폐포가 아니다.

정리

체 F_1과 F_2에 대하여 $f : F_1 \to F_2$는 동형사상이다. 만일 체 E가 체 F_1의 대수적 확대체이면 다음 성질을 만족시키는 $\overline{F_2}$의 적당한 부분체 K와 동형사상 $\phi : E \to K$가 존재한다.

"모든 원소 $a \in F_1$에 대하여 $\phi(a) = f(a)$이다."

참고 정리를 만족시키는 동형사상 ϕ의 개수를 $\{E : F_1\}$으로 나타내기도 한다. $\{E : F_1\}$는 체 E와 F_1에 의하여 완전히 결정된다.

증명 집합 X, Y, Z, T를 각각 다음과 같이 정의하자.

$X = \{E_i \mid E_i$는 $F_1 \subset E_i \subset E$인 체이다.$\}$

$Y = \{K \mid K$는 $\overline{F_2}$의 부분체이다.$\}$

$Z = \{h_i \mid h_i : E_i \to K$는 동형사상, $h_i(a) = f(a)$, $a \in F_1$ (단, $E_i \in X$, $K \in Y$)$\}$

$T = \{(E_i, h_i) \mid E_i \in X$이고 $h_i \in Z$, $i \in I\}$

그러면 집합 X, Y, Z, T 모두 공집합이 아니다.
이제 집합 T에 관계 " $\le$ "를 다음과 같이 정의하자.
$(E_1, h_1) \le (E_2, h_2) \Leftrightarrow E_1 \subset E_2$이고 모든 원소 $a \in E_1$에 대하여 $h_1(a) = h_2(a)$
그러면 " $\le$ "는 부분순서(partial order)임을 다음과 같이 알 수 있다.

(i) $(E_1, h_1) \le (E_1, h_1)$: $E_1 \subset E_1$이고 모든 원소 $a \in E_1$에 대하여 $h_1(a) = h_1(a)$이므로 관계 $(E_1, h_1) \le (E_1, h_1)$가 성립한다.

(ii) $(E_1, h_1) \le (E_2, h_2)$이고 $(E_2, h_2) \le (E_1, h_1)$이면 $(E_1, h_1) = (E_2, h_2)$: $E_1 \subset E_2$이고 $E_2 \subset E_1$이면 $E_1 = E_2$이다. 또한 모든 원소 $a \in E_1$에 대하여 $h_1(a) = h_2(a)$이고 모든 원소 $b \in E_2$에 대하여 $h_2(b) = h_1(b)$이므로 관계 $(E_1, h_1) = (E_2, h_2)$가 성립한다.

(iii) $(E_1, h_1) \le (E_2, h_2)$이고 $(E_2, h_2) \le (E_3, h_3)$이면 $(E_1, h_1) \le (E_3, h_3)$: $E_1 \subset E_2$이고 $E_2 \subset E_3$이면 $E_1 \subset E_3$이다. 또한 모든 원소 $a \in E_1$에 대하여 $h_1(a) = h_2(a)$이고 모든 원소 $b \in E_2$에 대하여 $h_2(b) = h_3(b)$이므로 모든 원소 $a \in E_1$에 대하여 $h_1(a) = h_3(a)$이다. 따라서 관계 $(E_1, h_1) \le (E_3, h_3)$가 성립한다.

그러므로 (i), (ii), (iii)에 의하여 " $\le$ "는 부분순서이다.
이제 집합

$$C = \{(E_j, h_j) \mid E_j \in X \text{이고 } h_j \in Z,\ j \in J\}$$

를 T의 사슬(chain)이라고 하자.
그러면 명백하게 $\bigcup_{j \in J} E_j \in X$이다. 한편 임의의 원소 $a \in \bigcup_{j \in J} E_j$에 대하여 $a \in E_k$일 때 h를

$$h : \bigcup_{j \in J} E_j \to \overline{F_2}, \qquad h(a) = h_k(a)$$

로 정의하면 $\left(\bigcup_{j\in J} E_j, h\right) \in T$ 임을 다음과 같이 보일 수 있다.

(i) 임의의 원소 $a \in \bigcup_{j\in J} E_j$에 대하여 $a \in E_m$이고 $a \in E_n$이면

$$(E_m, h_m) \le (E_n, h_n) \text{ 또는 } (E_n, h_n) \le (E_m, h_m)$$

이므로 $h_m(a) = h_n(a)$이다. 따라서 h는 잘 정의된 사상이다.

(ii) 임의의 원소 $a, b \in \bigcup_{j\in J} E_j$에 대하여 적당한 체 E_ℓ이 존재하여 $a, b \in E_\ell$이다. 따라서

$$h(a+b) = h_\ell(a+b) = h_\ell(a) + h_\ell(b) = h(a) + h(b)$$
$$h(ab) = h_\ell(ab) = h_\ell(a)h_\ell(b) = h(a)h(b)$$

이므로 h는 준동형사상이다.

(iii) 만일 $a \in \ker h$이면 $h(a) = 0$이고 $a \in E_k$인 k가 존재하므로 $h_k(a) = 0$이다. 그런데 h_k는 동형사상이므로 $a = 0$이다.

즉, $\ker h = \{0\}$이므로 h는 일대일사상이다.

그러므로 (i), (ii), (iii)에 의하여

$$h : \bigcup_{j\in J} E_j \to h\left(\bigcup_{j\in J} E_j\right)$$

는 동형사상이다. 또한 $\bigcup_{j\in J} E_j \subset E$이므로

$$\left(\bigcup_{j\in J} E_j, h\right) \in T$$

임을 알 수 있다. 그런데 임의의 원소 $(E_j, h_j) \in C$에 대하여

$$(E_j, h_j) \le \left(\bigcup_{j\in J} E_j, h\right)$$

이므로 $\left(\bigcup_{j\in J} E_j, h\right)$는 집합 C의 상계(upper bound)이다. 따라서 집합 T에 속한 임의의 사슬 C는 상계를 갖는다. 그러므로 Zorn's lemma에 의하여 T의 극대원소 (L, ϕ)가 존재한다. 만일 $L = E$이면 정리가 증명이 된다. 따라서 이제부터 $L = E$임을 보이자.

만일 $L \neq E$라고 가정하면 $L \subset E$이므로 적당한 원소 $a \in E - L$가 존재한다. 그런데 E는 F의 대수적확대체이므로 원소 a는 F 위에서 대수적이다. 따라서 원소 a는

L 위에서 대수적이므로 a의 최소다항식

$$p(x) = \sum_{i=0}^{n} a_i x^i = irr(a, L)$$

이 존재한다. 이때 다항식 $p(x)$는 기약다항식이고 ϕ는 동형사상이므로

$$\phi(p(x)) = \sum_{i=0}^{n} \phi(a_i) x^i$$

는 기약다항식이다. 또한 적당한 원소 $b \in \overline{F_2}$가 존재하여 $\phi(p(b)) = 0$이다. 즉, a는 L 위에서 대수적이고 b는 $\phi(L)$ 위에서 대수적이므로 동형사상

$$\psi_a : L[x]/\langle p(x) \rangle \rightarrow L(a)$$
$$\psi_b : \phi(L)[x]/\langle \phi(p(x)) \rangle \rightarrow \phi(L)(b)$$

이 존재한다. 한편

$$\psi : L[x]/\langle p(x) \rangle \rightarrow \phi(L)[x]/\langle \phi(p(x)) \rangle,$$
$$\psi\left(\sum_{i=0}^{n-1} b_i x^i + \langle p(x) \rangle\right) = \sum_{i=0}^{n-1} \phi(b_i) x^i + \langle \phi(p(x)) \rangle$$

는 동형사상이므로

$$\psi_b \psi \psi_a^{-1} : L(a) \rightarrow \phi(L)(b)$$

는 동형사상이다. 따라서

$$(L(a),\ \psi_b \psi \psi_a^{-1}) \in T$$

이다. 그런데

$$(L, \phi) \leq (L(a),\ \psi_b \psi \psi_a^{-1})$$

이므로 (L, ϕ)가 집합 T의 극대원소라는 것에 모순이다. 그러므로 결과적으로

$$L = E$$

이므로 동형사상 $\phi : E \rightarrow \phi(E) = K$가 존재하여 모든 원소 $a \in F_1$에 대하여 $\phi(a) = f(a)$이다. ◪

예제 체 $\mathbb{Q}(\sqrt{2}, \sqrt{5})$는 $\mathbb{Q}$의 대수적 확대체이고 $f : \mathbb{Q} \to \mathbb{Q}$를 항등사상이라고 하면 f는 동형사상이다. 체 $\mathbb{Q}$의 대수적 폐포의 부분체 $\mathbb{Q}(\sqrt{2}, \sqrt{5})$에 대하여

$$\phi : \mathbb{Q}(\sqrt{2}, \sqrt{5}) \to \mathbb{Q}(\sqrt{2}, \sqrt{5}),$$
$$\phi(a+b\sqrt{2}+c\sqrt{5}+d\sqrt{2}\sqrt{5}) = a-b\sqrt{2}+c\sqrt{5}-d\sqrt{2}\sqrt{5}$$

로 정의된 ϕ는 동형사상이고 모든 원소 $a \in \mathbb{Q}$에 대하여 $\phi(a) = f(a)$를 만족시킨다.

정리

체 E_1과 E_2가 체 F의 대수적 폐포이면 E_1과 E_2는 동형이다.

증명 항등사상 $f : F \to F$는 동형사상이다. 체 E_1이 체 F의 대수적확대체이므로 E_2의 적당한 부분체 K와 동형사상

$$\phi : E_1 \to K, \qquad \phi(a) = f(a), \qquad a \in F$$

가 존재한다.

또한 $\phi^{-1} : K \to E_1$는 동형사상이고 E_2는 K의 대수적확대체이므로 $E_1 \subset L$인 $\overline{E_1}$의 부분체 L과 동형사상

$$\psi : E_2 \to L, \qquad \psi(b) = \phi^{-1}(b), \qquad b \in K$$

가 존재한다.

그런데 체 E_1은 체 F의 대수적 폐포이므로 $\overline{E_1} = E_1$이다. 따라서 $E_1 = L$이므로 $\psi : E_2 \to E_1$는 동형사상이다. 즉, E_1과 E_2는 동형이다. ◪

정리

체 F에 대하여 $f : F \to F$는 항등사상이다. 또한 체 E가 F의 유한 확대체이고 $b \in E$이면 $\overline{F}$의 적당한 부분체 K에 대하여 다음 조건을 만족시키는 동형사상 $\phi : F(b) \to K$의 개수는 다항식 $irr(a, F)$의 서로 다른 근의 개수와 같다.

"모든 원소 $a \in F$에 대하여 $\phi(a) = f(a)$이다."

증명 체 E가 F의 유한 확대체이므로 체 E는 F의 대수적 확대체이다. 따라서 원소 $b \in E$에 대하여 $F(b)$는 F의 대수적확대체이다. 한편 $f: F \to F$는 동형사상이므로 $\overline{F}$의 적당한 부분체 K가 존재하여 동형사상

$$\phi: F(b) \to K, \qquad \phi(a) = f(a), \qquad a \in F$$

가 존재한다.

따라서 ϕ는 $\phi(b)$의 값으로 모두 결정되므로 만일 원소 $b \in E$를 $irr(a, F)$의 근이라고 하면 원소 b에 따라서 동형사상 $\phi: F(b) \to K$가 하나씩 결정이 된다. 그러므로 동형사상 $\phi: F(b) \to K$의 개수는 다항식 $irr(a, F)$의 서로 다른 근의 개수와 같다. ◪

예제 체 $\mathbb{Q}(\sqrt{5})$는 $\mathbb{Q}$의 유한확대체이고 $f: \mathbb{Q} \to \mathbb{Q}$를 항등사상이라고 하면 f는 동형사상이다. 체 $\mathbb{Q}$의 대수적 폐포의 부분체 $\mathbb{Q}(\sqrt{5})$에 대하여

$$\phi(a) = f(a), \qquad a \in \mathbb{Q}$$

를 만족시키는 동형사상은

$$\phi: \mathbb{Q}(\sqrt{5}) \to \mathbb{Q}(\sqrt{5}), \qquad \phi(a + b\sqrt{5}) = a + b\sqrt{5}$$
$$\phi: \mathbb{Q}(\sqrt{5}) \to \mathbb{Q}(\sqrt{5}), \qquad \phi(a + b\sqrt{5}) = a - b\sqrt{5}$$

등 2개의 동형사상이 존재한다.

한편

$$irr(\sqrt{5}, \mathbb{Q}) = x^2 - 5$$

이므로 $irr(\sqrt{5}, \mathbb{Q})$의 서로 다른 근의 개수는 2이고 이는 동형사상의 개수와 같다.

정리

체 F에 대하여 $f: F \to F$는 항등사상이고 체 E_1과 E_2가 F의 유한 확대체이고 포함관계 $F \subset E_1 \subset E_2$를 만족시키면 다음 성질이 성립한다.

(1) 항등사상 $f: F \to F$에 대하여 $\overline{F}$의 적당한 부분체 K_1과 (조건 1)을 만족시키는 동형사상 $\phi_1: E_1 \to K_1$이 존재한다.

(2) 동형사상 $\phi_1 : E_1 \to K_1$에 대하여 $\overline{K_1}$의 적당한 부분체 K_2와 (조건 2)를 만족시키는 동형사상 $\phi_2 : E_2 \to K_2$가 존재한다.

(3) 항등사상 $f : F \to F$에 대하여 $\overline{F}$의 적당한 부분체 K_3와 (조건 3)을 만족시키는 동형사상 $\phi_3 : E_2 \to K_3$가 존재한다.

이때 성질 (1)을 만족시키는 동형사상의 개수를 n, 성질 (2)를 만족시키는 동형사상의 개수를 m, 성질 (3)을 만족시키는 동형사상의 개수를 ℓ이라고 놓으면 $\ell = nm$이다.

(조건 1) "모든 원소 $a \in F$에 대하여 $\phi_1(a) = f(a)$이다."
(조건 2) "모든 원소 $b \in E_1$에 대하여 $\phi_2(b) = \phi_1(b)$이다."
(조건 3) "모든 원소 $a \in F$에 대하여 $\phi_3(a) = f(a)$이다."

참고 E_1과 E_2가 $F \subset E_1 \subset E_2$인 F의 유한확대체이면 $\{E_2 : F\} = \{E_2 : E_1\}\{E_1 : F\}$이 성립한다.

증명 명백하게 성질 (1), (2), (3)을 만족시키는 동형사상 ϕ_1, ϕ_2, ϕ_3가 존재한다. 또한 성질 (1)을 만족시키는 동형사상 ϕ_1에 대하여 성질 (2)를 만족시키는 동형사상 ϕ_2가 존재한다. 그런데 $\{E_1 : F\}$는 체 E_1과 F에 의하여 완전히 결정되고 $\{E_2 : E_1\}$은 체 E_2와 E_1에 의하여 완전히 결정된다. 또한 $\{E_2 : F\}$는 체 E_2와 F에 의하여 완전히 결정된다. 따라서 $\ell = mn$이다. ◪

정리

체 F와 $F \subset E \subset \overline{F}$를 만족시키는 체 E에 대하여 다음 명제 (1)과 (2)는 서로 동치이다.

(1) E는 F 위에서 분해체이다.

(2) (조건 1)을 만족시키는 동형사상 $f : \overline{F} \to \overline{F}$에 대하여 $f(E) = E$이다.

(조건 1) "모든 원소 $a \in F$에 대하여 $f(a) = a$이다."

증명 (1) $\Rightarrow$ (2) E가 F 위에서 분해체라면 다음 두 조건 (i), (ii)가 모두 성립시키는 적당한 다항식 $g_i(x) \in F[x]-F,\ i \in I$가 존재한다.

(i) 모든 $i \in I$에 대하여 $g_i(x)$는 E 내에서 분해된다.

(ii) $F \subset K \subset E$인 체 K에 대하여 모든 $g_i(x),\ i \in I$가 K 내에서 분해되면 $K=E$ 이다.

만일 집합 X_i와 X를

$$X_i = \{b \in E \mid g_i(b)=0\},$$
$$X = \bigcup_{i \in I} X_i$$

로 놓으면 원소 $b \in X$의 기약다항식의 차수를 n_b라고 할 때

$$F(b) = \left\{ \sum_{k=0}^{n_b-1} c_k b^k \mid c_k \in F,\ k=0,1,\cdots,n_b-1 \right\}$$

이다. 이제 집합 Y와 Z를

$$Y = \bigcup_{b \in X} F(b)$$
$$Z = \{d \in E \mid d\text{는 } Y\text{에 속하는 원소들의 합 또는 곱이다.}\}$$

으로 놓자.

그러면 임의의 원소 $z_1, z_2 \in Z$에 대하여 적당한 원소 $b_1, b_2, \cdots, b_m \in Y$가 존재하여

$$z_1, z_2 \in F(b_1, b_2, \cdots, b_m)$$

이다. 따라서

$$z_1 - z_2,\ z_1 z_2 \in F(b_1, b_2, \cdots, b_m)$$

이므로 $z_1 - z_2,\ z_1 z_2 \in Z$이다. 또한 원소 $z \neq 0 \in Z$를 택하면 적당한 원소 $b_1, b_2, \cdots, b_k \in Y$가 존재하여

$$z \in F(b_1, b_2, \cdots, b_k)$$

이다. 따라서 $z^{-1} \in F(b_1, b_2, \cdots, b_m)$이므로 $z^{-1} \in Z$이다.

그러므로 Z는 다항식 $g_i(x) \in F[x]-F,\ i \in I$의 근을 모두 포함하는 E의 부분체이다. 그런데 E는 F 위에서 분해체이므로

$$E = Z$$

이다.

그러므로 원소 $q \in E$를 택하면 $f(q)$는 적당한 원소 $b_1, b_2, \cdots, b_m \in X$에 대하여 원소 $f(b_1), f(b_2), \cdots, f(b_m)$을 이용하여 나타낼 수 있다. 그런데 f가 동형사상이므로 $f(b_i)$는 기약다항식 $irr(b_i, F)$의 근이다.

한편 $irr(b_i, F)$는 b_i를 근으로 갖는 적당한 다항식 $g_j(x)$의 약수이므로 $f(b_i)$는 다항식 $g_j(x)$의 근이다. 따라서

$$f(b_i) \in E, \qquad i = 1, 2, \cdots, m$$

이므로 $f(q) \in E$이다. 그러므로 $f(E) \subset E$이다.

그런데 $f: \overline{F} \to \overline{F}$가 동형사상이므로 $f(E) = E$이다.

(2) ⇒ (1) 다항식 $h(x) \in F[x]$가 $r \in E$을 근으로 갖는 기약다항식이라고 하자.

만일 $s \in \overline{F}$가 $h(x)$의 근이라면 적당한 동형사상

$$\phi: F(r) \to F(s), \qquad \phi(r) = s, \qquad \phi(a) = a \quad (a \in F)$$

가 존재한다. 또한 $\overline{F}$는 F의 대수적확대체이므로 $F \subset K \subset \overline{F}$이고 다음 조건을 만족시키는 체 K와 동형사상 $\psi: \overline{F} \to K$가 존재한다.

"모든 원소 $a \in F(r)$에 대하여 $\psi(a) = \phi(a)$이다."

한편, $\psi^{-1}: K \to \overline{F}$는 동형사상이고 $\overline{F}$는 F의 대수적확대체이므로 포함관계 $\overline{F} \subset L \subset \overline{F}$를 만족시키고 다음 조건을 만족시키는 $\overline{F}$의 적당한 부분체 L과 동형사상 $\eta: \overline{F} \to L$가 존재한다.

"모든 원소 $a \in K$에 대하여 $\eta(a) = \psi^{-1}(a)$이다."

그런데 $L = \overline{F}$이므로 동형사상 $\eta: \overline{F} \to L$는 실제로 동형사상 $\eta: \overline{F} \to \overline{F}$이고 다음 성질을 만족시킨다.

"모든 원소 $a \in F$에 대하여 $\eta(a) = a$이다."

그러므로 동형사상 $\eta^{-1}: \overline{F} \to \overline{F}$는 다음을 만족시킨다.

"모든 원소 $a \in F$에 대하여 $\eta^{-1}(a) = a$이다."

따라서 가정에 의하여 $\eta^{-1}(E) = E$이다.

또한 $\psi(r) = \phi(r) = s \in K$이므로

$$\eta(s)=\psi^{-1}(s)=r$$

이다. 그런데 $r\in E$이고 $\eta^{-1}(E)=E$이므로

$$s=\eta^{-1}(r)\in E$$

이다. 즉, $h(x)$의 근 $s\in\overline{F}$는 E에 속하는 원소임을 알 수 있다.
결과적으로 E에서 근을 갖는 다항식 $h(x)\in F[x]$의 모든 근은 E에 속한다는 사실을 알 수 있다. 그러므로 만일 집합 T를

$$T=\{h_i(x)\in F[x]\,|\,\text{모든 } i\in I\text{에 대하여 } h_i(x)\text{는 } E\text{에서 근을 갖는 기약다항식}\}$$

로 놓으면 E는 적당한 다항식 $h_i(x)\in T$, $i\in I$의 분해체이므로 E는 F 위에서 분해체이다. ◪

정리

체 F에 대하여 $F\subset E\subset\overline{F}$를 만족시키는 체 E가 F위에서 분해체이면 $f(x)\in F[x]$가 E에서 근을 갖는 기약다항식일 때 $f(x)$는 E에서 분해된다.

증명 다항식 $f(x)\in F[x]$가 원소 $r\in E$을 근으로 갖는 기약다항식이라고 하자.
만일 원소 $s\in\overline{F}$가 $f(x)$의 근이라면 적당한 동형사상

$$\phi: F(r)\to F(s),\qquad \phi(r)=s,\qquad \phi(a)=a\quad (a\in F)$$

가 존재한다. 또한 $\overline{F}$는 F의 대수적확대체이므로 $F\subset K\subset\overline{F}$이고 다음 조건을 만족시키는 체 K와 동형사상 $\psi:\overline{F}\to K$가 존재한다.

"모든 원소 $a\in F(r)$에 대하여 $\psi(a)=\phi(a)$이다."

한편, $\psi^{-1}: K\to\overline{F}$는 동형사상이고 $\overline{F}$는 F의 대수적확대체이므로 포함관계 $\overline{F}\subset L\subset\overline{F}$를 만족시키고 다음 조건을 만족시키는 $\overline{F}$의 적당한 부분체 L과 동형사상 $\eta:\overline{F}\to L$가 존재한다.

"모든 원소 $a\in K$에 대하여 $\eta(a)=\psi^{-1}(a)$이다."

그런데 $L=\overline{F}$이므로 동형사상 $\eta:\overline{F}\to L$는 실제로 동형사상 $\eta:\overline{F}\to\overline{F}$이고 다음을 만족시킨다.

"모든 원소 $a \in F$에 대하여 $\eta(a) = a$이다."

그러므로 동형사상 $\eta^{-1} : \overline{F} \to \overline{F}$는 다음을 만족시킨다.

"모든 원소 $a \in F$에 대하여 $\eta^{-1}(a) = a$이다."

그런데 체 E가 F 위에서 분해체이므로 $\eta^{-1}(E) = E$이다.
또한 $\psi(r) = \phi(r) = s \in K$이므로

$$\eta(s) = \psi^{-1}(s) = r$$

이다. 그런데 $r \in E$이고 $\eta^{-1}(E) = E$이므로

$$s = \eta^{-1}(r) \in E$$

이다. 즉, $f(x)$의 근 $s \in \overline{F}$는 E에 속하는 원소임을 알 수 있다.
결과적으로 E에서 근을 갖는 다항식 $f(x) \in F[x]$의 모든 근은 E에 속하므로 다항식 $f(x)$는 체 E에서 분해된다. ◪

정리

체 F에 대하여 다항식 $f(x) \in F[x]$는 기약다항식이다. 만일 원소 $a, b \in \overline{F}$가 $f(x)$의 근이면 a의 중복도는 b의 중복도와 같다.

참고 자연수 n에 대하여 $f(x) = (x-a)^n g(x)$, $g(a) \neq 0$이면 원소 a의 중복도는 n이라고 한다.

증명 우선 원소 a의 중복도를 n, 원소 b의 중복도를 m이라고 놓자.
다항식 $f(x)$의 근 a, b에 대하여 사상 $\phi : F(a) \to F(b)$를 다음과 같이 정의하면 ϕ는 동형사상이다.

$$\phi(a) = b, \qquad \phi(c) = c, \qquad c \in F$$

또한 $\overline{F}$는 F의 대수적확대체이므로 다음을 만족시키는 동형사상이 존재한다.

$$\psi : \overline{F} \to \overline{F}, \qquad \psi(d) = \phi(d), \qquad d \in F(a)$$

또한 사상 $\eta : \overline{F}[x] \to \overline{F}[x]$를 다음과 같이 정의하면 η는 동형사상이다.

$$\eta(x)=x, \qquad \eta(s)=\psi(s), \qquad s\in\overline{F}$$

한편, $f(x)\in F[x]$이므로 $\eta(f(x))=f(x)$이다.

그런데

$$\eta((x-a)^n)=(x-b)^n$$

이므로 $(x-b)^n$은 $f(x)$의 인수이다. 따라서 $n\leq m$이다.

마찬가지 방법으로 a와 b의 역할을 바꾸어 다음과 같이 정의된 동형사상

$$\phi_1: F(b)\to F(a), \quad \phi_1(b)=a, \quad \phi_1(c)=c, \quad c\in F$$

으로부터 같은 과정을 시행하면 관계 $m\leq n$을 얻을 수 있다.

따라서 결과적으로 $n=m$이다. ◪

정리

체 F에 대하여 다항식 $f(x)\in F[x]$는 기약다항식이고 $a_i\in\overline{F}$, $i=1,2,\cdots,t$가 $f(x)$의 서로 다른 근이면 적당한 자연수 n과 원소 $a\in F$가 존재하여 다항식 $f(x)$를 $\overline{F}[x]$에서 다음과 같이 나타낼 수 있다.

$$f(x)=a\prod_{i=1}^{t}(x-a_i)^n\in\overline{F}[x]$$

증명 다항식 $f(x)$의 최고차항의 계수를 a라고 놓으면 $f(x)=ag(x)$인 다항식 $g(x)$가 존재한다. 이때 $f(x)$의 근과 $g(x)$의 근은 동일하다. 만일 a_i의 중복도를 n_i라고 놓으면

$$f(x)=a\prod_{i=1}^{t}(x-a_i)^{n_i}$$

이다. 그런데 모든 $i\neq j$에 대하여 $n_i=n_j$이므로 적당한 자연수 $n=n_i=n_j$이 존재하여

$$f(x)=a\prod_{i=1}^{t}(x-a_i)^n$$

임을 알 수 있다. ◪

정리

체 E가 체 F의 유한확대체이면 $[E:F]=n$이고 $\{E:F\}=m$일 때 $m\mid n$이다.

증명 체 E가 F의 유한확대체이므로 적당한 원소 $a_i \in E,\ i=1,2,\cdots,t$가 존재하여 $E=F(a_1,a_2,\cdots,a_t)$이고

$$[F(a_1,a_2,\cdots,a_t):F]=[F(a_1,a_2,\cdots,a_t):F(a_1,a_2,\cdots,a_{t-1})]\cdots[F(a_1):F]$$
$$\{F(a_1,a_2,\cdots,a_t):F\}=\{F(a_1,a_2,\cdots,a_t):F(a_1,a_2,\cdots,a_{t-1})\}\cdots\{F(a_1):F\}$$

이다.

이제 다항식 $irr(a_i,F(a_1,a_2,\cdots,a_{i-1}))$이 k_i개의 서로 다른 근

$$b_{i1},b_{i2},\ \cdots\ ,b_{ik_i},\qquad b_{i1}=a_i$$

을 갖는다고 가정하자.

만일 $irr(a_i,F(a_1,a_2,\cdots,a_{i-1}))$의 근 a_i의 중복도를 s_i라고 놓으면 k_i-1개의 다른 근 $b_{i2},b_{i3},\ \cdots\ ,b_{ik_i}$들의 중복도 또한 s_i이므로 다항식 $irr(a_i,F(a_1,a_2,\cdots,a_{i-1}))$는 적당한 원소 $a\in F$에 대하여

$$irr(a_i,F(a_1,a_2,\cdots,a_{i-1}))=a(x-a_i)^{s_i}(x-b_{i2})^{s_i}\cdots\ (x-b_{ik_i})^{s_i}$$

으로 나타낼 수 있다. 그러므로

$$[F(a_1,a_2,\cdots,a_i):F(a_1,a_2,\cdots,a_{i-1})]=k_is_i$$

이다. 따라서

$$[E:F]=[F(a_1,a_2,\cdots,a_t):F]=(k_1s_1)(k_2s_2)\cdots(k_ts_t)$$

이다. 그런데

$$\{E:F\}=\{F(a_1,a_2,\cdots,a_t):F\}=k_1k_2\cdots k_t$$

이므로

$$\begin{aligned} n=[E:F]&=(k_1s_1)(k_2s_2)\cdots(k_ts_t)\\ &=(k_1k_2\cdots k_t)(s_1s_2\cdots s_t)\\ &=\{E:F\}(s_1s_2\cdots s_t) \end{aligned}$$

$$= m(s_1 s_2 \cdots s_t)$$

이다. 결과적으로 $m \mid n$이 성립한다. ◪

정의

체 E가 체 F의 유한확대체이고 $\{E:F\} = [E:F]$이면 E는 F의 분리확대체(separable extension)라고 한다.

예제 체 $\mathbb{Q}(\sqrt{5})$는 $\mathbb{Q}$의 유한확대체이고

$$\{\mathbb{Q}(\sqrt{5}) : \mathbb{Q}\} = 2 = [\mathbb{Q}(\sqrt{5}) : \mathbb{Q}]$$

이다. 따라서 체 $\mathbb{Q}(\sqrt{5})$는 $\mathbb{Q}$의 분리확대체이다.

예제 체 $\mathbb{Q}(\sqrt{2}, \sqrt{5})$는 $\mathbb{Q}(\sqrt{5})$의 유한확대체이고 체 $\mathbb{Q}(\sqrt{5})$는 $\mathbb{Q}$의 유한확대체이다. 또한

$$\{\mathbb{Q}(\sqrt{2}, \sqrt{5}) : \mathbb{Q}(\sqrt{5})\} = 2 = [\mathbb{Q}(\sqrt{2}, \sqrt{5}) : \mathbb{Q}(\sqrt{5})],$$
$$\{\mathbb{Q}(\sqrt{5}) : \mathbb{Q}\} = 2 = [\mathbb{Q}(\sqrt{5}) : \mathbb{Q}]$$

이다. 그런데

$$\{\mathbb{Q}(\sqrt{2}, \sqrt{5}) : \mathbb{Q}\} = \{\mathbb{Q}(\sqrt{2}, \sqrt{5}) : \mathbb{Q}(\sqrt{5})\}\{\mathbb{Q}(\sqrt{5}) : \mathbb{Q}\}$$
$$[\mathbb{Q}(\sqrt{2}, \sqrt{5}) : \mathbb{Q}] = [\mathbb{Q}(\sqrt{2}, \sqrt{5}) : \mathbb{Q}(\sqrt{5})][\mathbb{Q}(\sqrt{5}) : \mathbb{Q}]$$

이므로

$$\{\mathbb{Q}(\sqrt{2}, \sqrt{5}) : \mathbb{Q}\} = 4$$
$$[\mathbb{Q}(\sqrt{2}, \sqrt{5}) : \mathbb{Q}] = 4$$

이다. 따라서

$$\{\mathbb{Q}(\sqrt{2}, \sqrt{5}) : \mathbb{Q}\} = [\mathbb{Q}(\sqrt{2}, \sqrt{5}) : \mathbb{Q}]$$

이므로 체 $\mathbb{Q}(\sqrt{2}, \sqrt{5})$는 체 $\mathbb{Q}$의 분리확대체이다.

정의

체 F에 대하여 적당한 원소 $a \in \overline{F}$가 존재하여 $F(a)$가 F의 분리확대체이면 원소 a를 F 위에서 **분리가능(separable)**하다고 한다.

예제 체 $\mathbb{Q}(\sqrt{2})$는 $\mathbb{Q}$의 유한확대체이고

$$\{\mathbb{Q}(\sqrt{2}) : \mathbb{Q}\} = 2 = [\mathbb{Q}(\sqrt{2}) : \mathbb{Q}]$$

이므로 체 $\mathbb{Q}(\sqrt{2})$는 $\mathbb{Q}$의 분리확대체이다.

따라서 원소 $\sqrt{2}$는 $\mathbb{Q}$ 위에서 분리가능하다.

정의

체 F에 대하여 $f(x) \in F[x]$는 기약다항식이다. 만일 $a_i \in \overline{F}$, $i = 1, 2, \cdots, t$가 $f(x)$의 모든 근일 때 모든 a_i, $i = 1, 2, \cdots, t$가 F 위에서 분리가능하면 $f(x)$는 체 F 위에서 **분리가능(separable)**하다고 한다.

예제 다항식 $f(x) = x^2 - 2 \in \mathbb{Q}[x]$는 기약다항식이다.

또한 $\sqrt{2}$와 $-\sqrt{2}$는 $f(x)$의 근이고 체 $\mathbb{Q}(\sqrt{2})$는 $\mathbb{Q}$의 유한확대체이고 $\mathbb{Q}(-\sqrt{2})$는 $\mathbb{Q}$의 유한확대체이다. 또한

$$\{\mathbb{Q}(\sqrt{2}) : \mathbb{Q}\} = 2 = [\mathbb{Q}(\sqrt{2}) : \mathbb{Q}],$$
$$\{\mathbb{Q}(-\sqrt{2}) : \mathbb{Q}\} = 2 = [\mathbb{Q}(-\sqrt{2}) : \mathbb{Q}]$$

이므로 체 $\mathbb{Q}(\sqrt{2})$와 $\mathbb{Q}(-\sqrt{2})$는 $\mathbb{Q}$의 분리확대체이다.

따라서 $\sqrt{2}$와 $-\sqrt{2}$는 $\mathbb{Q}$ 위에서 분리가능하다.

그러므로 기약다항식 $f(x) = x^2 - 2$는 $\mathbb{Q}$ 위에서 분리가능하다.

정리

체 F에 대하여 체 E가 F의 유한확대체이고 체 K가 E의 유한확대체이면 다음 명제는 동치이다.

(1) 체 E는 체 F의 분리확대체이고 체 K는 체 E의 분리확대체이다.
(2) 체 K는 체 F의 분리확대체이다.

증명 (1)⇒(2) 체 E는 체 F의 분리확대체이고 체 K는 체 E의 분리확대체이므로

$$\{E:F\}=[E:F], \qquad \{K:E\}=[K:E]$$

이다. 또한 체 K가 F의 유한확대체이므로

$$\{K:F\}=\{K:E\}\{E:F\}, \qquad [K:F]=[K:E][E:F]$$

이다. 따라서

$$\{K:F\}=[K:F]$$

이므로 체 K는 F의 분리확대체이다.

(2)⇒(1) 체 K는 F의 분리확대체이므로

$$\{K:F\}=[K:F]$$

이다. 그런데 체 K가 F의 유한확대체이므로

$$\{K:F\}=\{K:E\}\{E:F\}, \qquad [K:F]=[K:E][E:F]$$

이고

$$\{K:E\}\{E:F\}=[K:E][E:F]$$

이다. 그런데

$$\{E:F\}\mid[E:F], \qquad \{K:E\}\mid[K:E]$$

이므로

$$\{E:F\}=[E:F], \qquad \{K:E\}=[K:E]$$

이다.
따라서 체 E는 F의 분리확대체이고 체 K는 E의 분리확대체이다. ◩

정리

체 E가 체 F의 유한확대체이면 다음 명제는 동치이다.

(1) 체 E는 F의 분리확대체이다.

(2) 모든 원소 $a \in E$는 체 F 위에서 분리가능하다.

증명 (1)⇒(2) 원소 $a \in E$에 대하여 $F \subset F(a) \subset E$이다.

가정에 의하여 체 E는 F의 분리확대체이므로 체 $F(a)$는 F의 분리확대체이다. 따라서 $a \in E$는 체 F 위에서 분리가능하다.

(2)⇒(1) 체 E가 F의 유한확대체이므로 적당한 원소 $a_i \in E$, $i = 1, 2, \cdots, t$가 존재하여

$$E = F(a_1, a_2, \cdots, a_t)$$

이다. 가정에 의하여 원소 $a_1 \in E$은 체 F 위에서 분리가능하므로

$$\{F(a_1) : F\} = [F(a_1) : F]$$

이다. 또한 원소 $a_2 \in E$는 체 F 위에서 분리가능하므로

$$\{F(a_2) : F\} = [F(a_2) : F]$$

이고 적당한 다항식 $g(x) \in F(a_2)[x]$가 존재하여

$$irr(a_2, F) = (x - a_2)g(x), \quad g(a_2) \neq 0$$

이다. 그런데

$$irr(a_2, F(a_1)) \mid irr(a_2, F)$$

이므로 적당한 다항식 $h(x) \in F(a_1, a_2)[x]$가 존재하여

$$irr(a_2, F(a_1)) = (x - a_2)h(x), \quad h(a_2) \neq 0$$

이다. 따라서

$$\{F(a_1)(a_2) : F(a_1)\} = [F(a_1)(a_2) : F(a_1)]$$

이므로 원소 $a_2 \in E$는 체 $F(a_1)$ 위에서 분리가능하다.

이와 같은 방법으로 모든 $i \neq 1$에 대하여 원소 $a_i \in E$는 체 $F(a_1, a_2, \cdots, a_{i-1})$ 위에서 분리가능하다. 즉, 모든 $i \neq 1$에 대하여

$$\{F(a_1, a_2, \cdots, a_i) : F(a_1 a_2, \cdots, a_{i-1})\} = [F(a_1, a_2, \cdots, a_i) : F(a_1 a_2, \cdots, a_{i-1})]$$

이다. 그런데

$$\{E : F\} = \{F(a_1, a_2, \cdots, a_t) : F(a_1 a_2, \cdots, a_{t-1})\} \times \cdots \times \{F(a_1) : F\}$$
$$[E : F] = [F(a_1, a_2, \cdots, a_t) : F(a_1 a_2, \cdots, a_{t-1})] \times \cdots \times [F(a_1) : F]$$

따라서

$$\{E : F\} = [E : F]$$

이므로 결과적으로 체 E는 F의 분리확대체이다. ◪

정리

체 F의 유한확대체 E가 F의 분리확대체이면 적당한 원소 $a \in E$가 존재하여 $E = F(a)$이다.

증명 만일 체 F가 유한체이면 F의 유한확대체 E 또한 유한체이다. 그런데 집합 $E^* = E - \{0\}$는 곱셈연산에 대하여 순환군이므로 적당한 원소 $a \in E$가 존재하여 $E^* = \langle a \rangle$이다. 따라서 $E = F(a)$이다.
이제 F가 무한체이고 적당한 원소 $b, c \in E$가 존재하여 $E = F(b, c)$이라고 가정하자.
체 E가 F의 분리확대체이므로 $b, c \in E$는 모두 체 F 위에서 분리가능하다.
따라서

$$\{F(b) : F\} = [F(b) : F], \qquad \{F(c) : F\} = [F(c) : F]$$

이다. 그러므로

$$f(x) = irr(b, F), \qquad g(x) = irr(c, F)$$

이라고 놓으면 $f(x)$와 $g(x)$는 각각 중복도가 모두 1이고 각각 서로 다른 근 $b_1, b_2, \cdots, b_n$과 $c_1, c_2, \cdots, c_m$을 갖는다.
이제 $b = b_1$, $c = c_1$으로 놓으면 F가 무한체이므로 모든 i, j $(j \neq 1)$에 대하여

$$d \neq (b_i - b)(c - c_j)^{-1}$$

인 원소 $d \in F$가 존재한다.
만일 $a = b + dc$이라고 놓으면 $F(a) \subset F(b,c)$이므로

$$F(a) \subset E$$

이다.
한편 $d(c - c_j) \neq b_i - b$이므로 $b + dc \neq b_i + dc_j$이고 $a \neq b_i + dc_j$이다. 따라서

$$a - dc_j \neq b_i$$

이다. 이제

$$h(x) = f(a - dx)$$

으로 놓으면 $d \in F$이므로 $h(x) \in F(a)[x]$이다. 또한

$$h(c) = f(a - dc) = f(b) = 0,$$
$$h(c_j) = f(a - dc_j) \neq f(b_i) = 0 \quad (j \neq 1)$$

이므로 $x = c$는 $g(x)$와 $h(x)$의 유일한 공통근이다.
따라서 $F(a)[x]$ 내에서

$$irr(c, F(a)) \mid g(x), \qquad irr(c, F(a)) \mid h(x)$$

이므로 다항식 $irr(c, F(a))$의 근은

$$b_1, b_2, \cdots, b_n, c_1, c_2, \cdots, c_m$$

중에 존재한다. 그런데 $j \neq 1$인 j에 대하여 $h(c_j) \neq 0$이므로 $x = c$는 $h(x)$의 유일한 근이고 E가 F의 분리확대체이므로 $x = c$의 중복도는 1이어야 한다.
즉, $h(x) = (x - c)k(x)$, $k(c) \neq 0$인 다항식 $k(x) \in F(a)[x]$가 존재한다. 그러므로 $c \in F(a)$이다. 또한 $d \in F$이므로 $b = a - dc \in F(a)$이다. 따라서

$$F(b,c) \subset F(a)$$

이므로

$$E \subset F(a)$$

이다. 결과적으로

$$E = F(a)$$

이다. 이 과정을 반복하면 적당한 원소 $a_1, a_2, \cdots, a_t \in E$가 존재하여 체 E가 $E = F(a_1, a_2, \cdots, a_t)$일 때 적당한 원소 $a \in E$가 존재하여 $E = F(a)$가 성립함을 알 수 있다. ◪

정의

체 F가 다음 조건을 만족시키면 체 F를 **완전체(perfect field)**라고 한다.

"체 E가 F의 유한확대체이면 체 E는 F의 분리확대체이다."

정리

체 F에 대하여 $f(x) = \sum_{i=0}^{n} a_i x^i \in \overline{F}[x]$, $a_n = 1$일 때 적당한 자연수 t에 대하여 $f(x)^t \in F[x]$이고 $t \times 1 \neq 0$이면 $f(x) \in F[x]$이다.

증명 모든 자연수 k, $1 \leq k \leq n$에 대하여 $a_{n-k} \in F$임을 보이면 된다.

우선 $k=1$인 경우를 살펴보면

$$\begin{aligned} f(x)^t = \left(\sum_{i=0}^{n} a_i x^i\right)^t &= \left\{(a_0 + \cdots + a_{n-1}x^{n-1}) + a_n x^n\right\}^t \\ &= a_0^t + \cdots + (t \times 1)a_{n-1}x^{tn-1} + x^{tn} \end{aligned}$$

이고 가정에 의하여 $f(x)^t \in F[x]$이므로 $(t \times 1)a_{n-1} \in F$이다.

그런데 $t \times 1 \neq 0$이므로 $a_{n-1} \in F$이다.

이제 만일 $m \leq k$인 모든 m에 대하여 $a_{n-m} \in F$이 성립한다고 가정하자.

한편

$$\begin{aligned} f(x)^t = \left(\sum_{i=0}^{n} a_i x^i\right)^t &= \left\{(a_0 + \cdots + a_{n-(k+1)}x^{n-(k+1)}) + a_n x^n\right\}^t \\ &= a_0^t + \cdots + (t \times 1)a_{n-(k+1)}x^{tn-(k+1)} + x^{tn} \end{aligned}$$

이므로 다항식 $f(x)^t$의 $x^{tn-(k+1)}$항의 계수는

$$(t \times 1)a_{n-(k+1)} + A(a_{n-1}, a_{n-2}, \cdots, a_{n-k})$$

으로 나타낼 수 있다.
(여기서, $A(a_{n-1}, a_{n-2}, \cdots, a_{n-k})$는 $a_{n-1}, a_{n-2}, \cdots, a_{n-k}$의 적당한 대수적 연산 결과이다.)
가정에 의하여 $A(a_{n-1}, a_{n-2}, \cdots, a_{n-k}) \in F$이므로

$$(t \times 1)a_{n-(k+1)} \in F$$

이다. 그런데 $t \times 1 \neq 0$이므로 $a_{n-(k+1)} \in F$이다. 그러므로 $1 \leq k \leq n$인 모든 자연수 k에 대하여 $a_{n-k} \in F$이다.

결과적으로 $f(x) = \sum_{i=0}^{n} a_i x^i \in F[x]$이다. ◪

정리

체 F의 표수가 0이면 F는 완전체이다.

증명 체 E가 F의 유한확대체이고 $a \in E$를 임의의 원소라고 가정하자. 그러면 체 F 위에서 원소 a의 기약다항식 $irr(a, F) \in F[x]$는 적당한 원소

$$a_i \in \overline{F}, \quad i = 1, 2, \cdots, n, \qquad (a_i \neq a_j,\ i \neq j)$$

에 대하여

$$irr(a, F) = \prod_{i=1}^{n} (x - a_i)^t = \left(\prod_{i=1}^{n} (x - a_i) \right)^t$$

으로 나타낼 수 있다. 이제 $a = a_1$이라고 놓으면 체 F의 표수가 0이므로 $t \times 1 \neq 0$이고 따라서

$$\prod_{i=1}^{n} (x - a_i) \in F[x]$$

이다. 그런데 다항식 $irr(a, F) = \left(\prod_{i=1}^{n} (x - a_i) \right)^t$는 $a = a_1$을 근으로 갖는 최소차수다

항식이고 $\prod_{i=1}^{n}(x-a_i)$는 $a=a_1$을 근으로 갖는 다항식이므로 $t=1$이다.

따라서

$$\{F(a):F\}=[F(a):F]$$

이므로 임의의 원소 $a\in E$는 체 F 위에서 분리가능하다.

즉, E는 F 위에서 분리확대체이므로 체 F는 완전체이다. ◪

예제 체 $\mathbb{Q}, \mathbb{R}, \mathbb{C}$는 모두 표수가 0인 체이므로 $\mathbb{Q}, \mathbb{R}, \mathbb{C}$는 모두 완전체이다.

예제 체 $\mathbb{Q}(\sqrt{2})$의 표수는 0이므로 $\mathbb{Q}(\sqrt{2})$는 완전체이다.

예제 체 $\mathbb{Q}(\sqrt{2}, \sqrt{5})$의 표수는 0이므로 $\mathbb{Q}(\sqrt{2}, \sqrt{5})$는 완전체이다.

정리

체 F가 유한체이면 F는 완전체이다.

증명 체 E가 F의 유한확대체이고 $a\in E$를 임의의 원소라고 가정하자. 그러면 a의 기약다항식 $irr(a,F)\in F[x]$는 적당한 원소

$$a_i\in\overline{F},\quad i=1,2,\cdots,n,\qquad (a_i\neq a_j,\ i\neq j)$$

에 대하여

$$irr(a,F)=\prod_{i=1}^{n}(x-a_i)^t=\left(\prod_{i=1}^{n}(x-a_i)\right)^t$$

으로 나타낼 수 있다.

이제 $a=a_1$이라고 놓고 체 F의 표수를 p라고 놓자.

만일 $t=p^s m,\ p\nmid m$이라면

$$irr(a,F)=\prod_{i=1}^{n}(x-a_i)^t=\left(\prod_{i=1}^{n}(x-a_i)^{p^s}\right)^m$$

이다. 그런데 체 F의 표수가 p이고 $p\nmid m$이므로 $m\times 1\neq 0$이다. 따라서

$$\prod_{i=1}^{n}(x-a_i)^{p^s} \in F[x]$$

이다. 그런데 다항식 $irr(a,F)$는 $a=a_1$을 근으로 갖는 최소차수다항식이고 $\prod_{i=1}^{n}(x-a_i)^{p^s}$는 $a=a_1$을 근으로 갖는 다항식이므로
다항식 $irr(a,F)=\left(\prod_{i=1}^{n}(x-a_i)^{p^s}\right)^m$ 는 $\prod_{i=1}^{n}(x-a_i)^{p^s}$의 약수이다.
그러므로 $m=1$이다. 즉,

$$irr(a,F)=\prod_{i=1}^{n}(x-a_i)^{p^s}=\prod_{i=1}^{n}(x^{p^s}-a_i^{p^s})$$

이다. 만일 $irr(a,F)=f(x^{p^s})$라고 놓으면

$$f(x)=\prod_{i=1}^{n}(x-a_i^{p^s})$$

이고 $f(x)$의 근의 중복도는 모두 1이므로 $f(x)$는 F 위에서 분리가능한 다항식이다.
또한 $f(x)$는 a^{p^s}를 근으로 갖는 기약다항식이고 F 위에서 분리가능한 다항식이므로 $F(a^{p^s})$는 F 위에서 분리확대체이다.
한편 $x^{p^s}-a^{p^s}=(x-a)^{p^s}$이므로 $x^{p^s}-a^{p^s}$의 근은 $x=a$로 유일하다.
함수 $\phi_p : F(a^{p^s}) \to F(a^{p^s})$를

$$\phi_p(u)=u^p, \qquad u \in F(a^{p^s})$$

으로 정의하면 $F(a^{p^s})$의 표수가 p이므로 임의의 원소 $u,v \in F(a^{p^s})$에 대하여

$$\phi_p(u+v)=(u+v)^p=u^p+v^p=\phi(u)+\phi(v)$$
$$\phi_p(uv)=(uv)^p=u^pv^p=\phi(u)\phi(v)$$

이므로 ϕ_p는 환준동형사상이다. 또한

$$\begin{aligned}\ker\phi_p &= \left\{u \in F(a^{p^s}) \mid \phi_p(u)=0\right\} \\ &= \left\{u \in F(a^{p^s}) \mid u^p=0\right\} \\ &= \{0\}\end{aligned}$$

이므로 ϕ_p는 일대일사상이다.

또한 유한체 F의 확대체 $F(a^{p^s})$는 유한체이므로 $\phi_p(F(a^{p^s})) = F(a^{p^s})$이다.

결과적으로 ϕ_p는 $F(a^{p^s})$에서 정의된 자기동형사상이다.

따라서 ϕ_p^s는 $F(a^{p^s})$에서 정의된 자기동형사상이고 $\phi_p^s(w) = w^{p^s}$이다. 그러므로 적당한 원소 $v \in F(a^{p^s})$가 존재하여 $\phi_p^s(v) = a^{p^s}$이고 $v^{p^s} = a^{p^s}$이다. 그런데 $x^{p^s} - a^{p^s}$의 근은 $x = a$로 유일하므로 $v = a$이다.

그런데 $v \in F(a^{p^s})$이므로 $a \in F(a^{p^s})$이다. 따라서

$$F(a^{p^s}) = F(a)$$

이고 체 $F(a^{p^s})$는 F 위에서 분리확대체이므로 체 $F(a)$는 F 위에서 분리확대체이다. 따라서 a는 F 위에서 분리가능한 원소이므로 F의 유한확대체 E는 F의 분리확대체이다.

그러므로 결과적으로 F는 완전체이다. ◪

예제 체 $\mathbb{Z}_{23}$은 유한체이므로 $\mathbb{Z}_{23}$은 완전체이다.

예제 체 $\mathbb{Z}_2[x]/\langle x^2+x+1 \rangle$는 원소의 개수가 4인 유한체이다.
따라서 $\mathbb{Z}_2[x]/\langle x^2+x+1 \rangle$는 완전체이다.

연습문제

1. 체 $\mathbb{Q}$의 확대체 $\mathbb{Q}(\sqrt{7}, \sqrt{11})$에 대하여 $[\mathbb{Q}(\sqrt{7}, \sqrt{11}) : \mathbb{Q}]$를 구하고 $\mathbb{Q}$ 위에서 $\mathbb{Q}(\sqrt{7}, \sqrt{11})$의 기저를 구하시오.

2. 체 $\mathbb{Q}$의 확대체 $\mathbb{Q}(\sqrt{7}, i)$에 대하여 $[\mathbb{Q}(\sqrt{7}, i) : \mathbb{Q}]$를 구하고 $\mathbb{Q}$ 위에서 $\mathbb{Q}(\sqrt{7}, i)$의 기저를 구하시오.

3. 체 $\mathbb{Q}$의 확대체 $\mathbb{Q}(\sqrt{3}, \sqrt[3]{7})$에 대하여 $[\mathbb{Q}(\sqrt{3}, \sqrt[3]{7}) : \mathbb{Q}]$를 구하고 $\mathbb{Q}$ 위에서 $\mathbb{Q}(\sqrt{3}, \sqrt[3]{7})$의 기저를 구하시오.

4. $\mathbb{Q}(\sqrt{3}, \sqrt{7}) = \mathbb{Q}(\sqrt{3} + \sqrt{7})$이 성립하는지 판정하고 이를 증명하시오.

5. 체 $\mathbb{Q}$의 확대체 $\mathbb{Q}(\sqrt{7} + \sqrt{11})$에 대하여 $[\mathbb{Q}(\sqrt{7} + \sqrt{11}) : \mathbb{Q}]$를 구하시오.

6. 체 E가 체 F의 확대체일 때 다음 명제의 참 또는 거짓을 판정하고 이를 증명하시오.

"E가 F의 대수적 확대체이면 적당한 자연수 m이 존재하여 $[E : F] = m$이다."

7. 다음에 주어진 체가 체 $\mathbb{Q}$의 분리확대체인지 판정하고 이를 증명하시오.

(1) $\mathbb{Q}(\sqrt{11})$ (2) $\mathbb{Q}(\sqrt{2}, \sqrt{13})$

8. 원소 $\sqrt{11}$은 체 $\mathbb{Q}$ 위에서 분리가능한지 판정하고 이를 증명하시오.

9. 기약다항식 $f(x)=x^2-13\in\mathbb{Q}[x]$는 $\mathbb{Q}$ 위에서 분리가능한지 판정하고 이를 증명하시오.

10. 다음에 주어진 체가 완전체인지 판정하고 이를 증명하시오.

(1) $\mathbb{Z}_{29}$

(2) $\mathbb{Z}_2[x]/\langle x^3+x^2+1\rangle$

(3) $\mathbb{Q}(\sqrt{7},\sqrt{11})$

CHAPTER

8

유한체

(Finite Fields)

이 장에서는 유한체의 기본적인 성질에 대해서 살펴본다.

정의

체 F의 원소가 유한일 때 F를 **유한체**(finite field)라고 한다.

예제 체 $\mathbb{Z}_7$은 7개의 원소를 갖는 유한체이다.

예제 체 $\mathbb{Q}$는 원소의 개수가 무한개이므로 유한체가 아니다.

정리

소수 p와 자연수 n에 대하여 원소가 p^n인 유한체 F가 존재한다.

증명 체 F를 체 $\mathbb{Z}_p$ 위에서 다항식 $f(x)=x^{p^n}-x\in\mathbb{Z}_p[x]$의 분해체라고 놓자. 그러면

$$f'(x)=p^nx^{p^n-1}-1$$

이므로 다항식 $f(x)$와 $f'(x)$를 동시에 나눌 수 있는 다항식은 상수다항식뿐이다. 따라서 $f(x)$의 해는 모두 중복도 1이고

$$f(x)=a(x-a_1)(x-a_2)\cdots(x-a_{p^n}),\qquad a_i\neq a_j\ (i\neq j)$$

인 원소 $a,a_1,a_2,\cdots,a_{p^n}\in F$가 존재한다. 집합 K를

$$K=\{a\in F\mid f(a)=0\}$$

으로 놓으면 K에 속하는 원소의 개수는 p^n이다.
또한 임의의 원소 $a,b\in K$에 대하여 $char(F)=p$이므로

$$f(a-b)=(a-b)^{p^n}-(a-b)=a^{p^n}-b^{p^n}-(a-b)=a-b-(a-b)=0$$
$$f(ab)=(ab)^{p^n}-(ab)=a^{p^n}b^{p^n}-ab=ab-ab=0$$

이다. 또한 만일 $a\neq 0$이면

$$f(a^{-1}) = (a^{-1})^{p^n} - (a^{-1}) = (a^{p^n})^{-1} - a^{-1} = a^{-1} - a^{-1} = 0$$

이다. 그러므로 $a-b, ab \in K$, $a^{-1} \in K$ $(a \neq 0)$가 성립한다.

따라서 K는 체 $\mathbb{Z}_p$ 위에서 다항식 $f(x)$의 분해체이므로 $K=F$이다. 결과적으로 체 F에 속하는 원소의 개수는 p^n이다. ◪

예제 소수 $p=7$과 자연수 1에 대하여 원소의 개수가 7^1인 유한체 $\mathbb{Z}_7$이 존재한다.

예제 소수 $p=2$와 자연수 3에 대하여 원소의 개수가 2^3인 유한체의 존재성은 다음과 같이 증명할 수 있다.

우선 다항식 $x^3+x+1 \in \mathbb{Z}_2[x]$는 체 $\mathbb{Z}_2$ 위에서 기약다항식이다. 따라서 주아이디얼 $\langle x^3+x+1 \rangle$는 극대아이디얼이므로 잉여환 $\mathbb{Z}_2[x]/\langle x^3+x+1 \rangle$는 체이다.

한편 체 $\mathbb{Z}_2[x]/\langle x^3+x+1 \rangle$에 속하는 임의의 원소는 적당한 원소 $a,b,c \in \mathbb{Z}_2$에 대하여 $(ax^2+bx+c)+\langle x^3+x+1 \rangle$로 나타낼 수 있으므로 체 $\mathbb{Z}_2[x]/\langle x^3+x+1 \rangle$의 원소의 개수는 2^3이다.

정리

소수 p와 자연수 n에 대하여 원소가 p^n인 유한체 F와 K는 서로 동형이다.

증명 체 F의 위수가 p^n이므로 $char(F)=p$이다. 따라서 F의 부분체 L이 존재하여 $L \cong \mathbb{Z}_p$이다. 또한 $F-\{0\}$은 곱셈연산에 대하여 위수가 p^n-1인 군이므로 임의의 원소 $a \in F-\{0\}$는

$$f(a) = a^{p^n-1} - 1 = 0$$

를 만족시킨다. 즉, 임의의 원소 $a \in F$는

$$f(a) = a^{p^n} - a = 0$$

를 만족시킨다. 따라서 체 F는 체 $\mathbb{Z}_p$ 위에서 다항식 $f(x) = x^{p^n} - x \in \mathbb{Z}_p[x]$의 분해체이다.

마찬가지 이유로 체 K는 체 $\mathbb{Z}_p$ 위에서 다항식 $f(x)=x^{p^n}-x\in\mathbb{Z}_p[x]$의 분해체이다.

즉, F와 K는 모두 체 $\mathbb{Z}_p$ 위에서 다항식 $f(x)=x^{p^n}-x\in\mathbb{Z}_p[x]$의 분해체이므로 F와 K는 서로 동형임을 알 수 있다. ◪

예제 체 F의 원소의 개수가 7이면 F는 $\mathbb{Z}_7$과 동형이다.

예제 다항식 $f(x)=x^2+1\in\mathbb{Z}_3[x]$는 기약다항식이므로 $\langle x^2+1\rangle$는 극대아이디얼이다. 따라서 잉여환 $\mathbb{Z}_3[x]/\langle x^2+1\rangle$은 위수가 3^2인 체이다.

한편, 다항식 $f(x)=x^2+x+2\in\mathbb{Z}_3[x]$는 기약다항식이므로 $\langle x^2+x+2\rangle$는 극대아이디얼이다. 따라서 잉여환 $\mathbb{Z}_3[x]/\langle x^2+x+2\rangle$는 위수가 3^2인 체이다.

그러므로 다음 동형관계가 성립한다.

$$\mathbb{Z}_3[x]/\langle x^2+1\rangle\cong\mathbb{Z}_3[x]/\langle x^2+x+2\rangle$$

정의

소수 p와 자연수 n에 대하여 원소가 p^n인 유한체를 위수가 p^n인 갈로아체(Galois field)라고 하고 $GF(p^n)$으로 나타낸다.

예제 체 $\mathbb{Z}_7$는 위수가 7인 갈로아체이다.

예제 $\mathbb{Z}_3[x]/\langle x^2+1\rangle$과 $\mathbb{Z}_3[x]/\langle x^2+x+2\rangle$는 모두 위수가 3^2인 갈로아체이다.

정리

소수 p와 자연수 n에 대하여 $GF(p^n)^*=GF(p^n)-\{0\}$는 곱셈연산에 대하여 순환군이다.

증명 $GF(p^n)^* = GF(p^n) - \{0\}$는 곱셈연산에 대하여 유한아벨군이므로 적당한 소수 p_i와 자연수 n_i $(i=1,2,\cdots,m)$가 존재하여

$$GF(p^n)^* \cong \mathbb{Z}_{p_1^{n_1}} \times \mathbb{Z}_{p_2^{n_2}} \times \cdots \times \mathbb{Z}_{p_m^{n_m}}$$

이다. 만일 $GF(p^n)^*$가 순환군이 아니라고 가정하면 $p_s = p_t$, $s \neq t$인 소수 p_s와 p_t가 존재한다. 그런데 p_s는 $\mathbb{Z}_{p_s^{n_s}}$의 위수의 약수이므로 $\mathbb{Z}_{p_s^{n_s}}$는 위수가 p_s인 부분군 H를 갖는다. 마찬가지로 p_t는 $\mathbb{Z}_{p_t^{n_t}}$의 위수의 약수이므로 $\mathbb{Z}_{p_t^{n_t}}$ 는 위수가 p_t인 부분군 K를 갖는다. 따라서 $GF(p^n)^*$는 위수가 p_s인 부분군 H_1과 위수가 p_t인 부분군 K_1을 갖는다. 그런데 $p_s = p_t$이므로 $GF(p^n)^*$는 위수가 p_s인 부분군 H_1과 K_1을 갖는다. 한편 $H_1 \neq K_1$이므로 다항식 $f(x) = x^{p_s} - x$는 최대 p_s개의 근을 갖는다는 사실에 모순이다. 따라서

$$p_s \neq p_t, \qquad s \neq t$$

이므로 $GF(p^n)^*$는 곱셈연산에 대하여 순환군이다. ◪

예제 $GF(3^2)^*$는 곱셈연산에 대하여 순환군이다.

구체적으로는 $GF(3^2)^*$은 위수가 $9-1=8=2^3$인 유한아벨군이므로 다음 중 1가지가 성립함을 알 수 있다.

(i) $GF(3^2)^* \cong \mathbb{Z}_{2^3}$

(ii) $GF(3^2)^* \cong \mathbb{Z}_{2^2} \times \mathbb{Z}_2$

(iii) $GF(3^2)^* \cong \mathbb{Z}_2 \times \mathbb{Z}_2 \times \mathbb{Z}_2$

그런데 (ii)와 (iii)의 경우에는 $GF(3^2)^*$이 순환군이 될 수 없다. 따라서

$$GF(3^2)^* \cong \mathbb{Z}_{2^3}$$

이 성립한다.

순환군 $GF(3^2)^*$의 생성원을 a라고 놓을 때 만일 b가 $GF(3^2)^*$의 다른 생성원이면 적당한 자연수 k가 존재하여 $b = a^k$이고 $\gcd(k,8)=1$이다. 따라서 $k = 1,3,5,7$이므로 순환군 $GF(3^2)^*$의 생성원을 모두 구하면

$$a, a^3, a^5, a^7$$

이다. 이때 모든 생성원의 개수는 오일러함수 ϕ를 이용하여 $\phi(8) = 2^3 - 2^2 = 4$와 같이 구할 수 있다.

정리

소수 p와 자연수 n에 대하여 $GF(p^n)$가 체 F의 확대체이면 다음을 만족시키는 원소 $a \in GF(p^n)^*$가 존재한다.

$$GF(p^n) = F(a)$$

증명 $GF(p^n)^*$가 곱셈연산에 대하여 순환군이므로

$$GF(p^n)^* = \langle a \rangle$$

인 원소 $a \in GF(p^n)^*$가 존재한다. 그런데 $F(a)$는 a를 포함하는 체이므로

$$GF(p^n) \subset F(a)$$

이다. 또한 $GF(p^n)$는 체 F와 원소 a를 포함하는 체이고 $F(a)$는 체 F와 원소 a를 포함하는 가장 작은 체이므로

$$F(a) \subset GF(p^n)$$

이다. 따라서 $GF(p^n) = F(a)$이다. ◪

정리

소수 p와 자연수 n에 대하여 덧셈군 $GF(p^n)$는 덧셈군 $\mathbb{Z}_p$의 n번 외적인 직접곱 $G = \mathbb{Z}_p \times \mathbb{Z}_p \times \cdots \times \mathbb{Z}_p$와 동형이다.

증명 $GF(p^n)$는 덧셈연산에 대하여 유한아벨군이므로 적당한 소수 p_i와 자연수 n_i $(i = 1, 2, \cdots, m)$가 존재하여

$$GF(p^n) \cong \mathbb{Z}_{p_1^{n_1}} \times \mathbb{Z}_{p_2^{n_2}} \times \cdots \times \mathbb{Z}_{p_m^{n_m}}$$

이다. 그런데

$$char(GF(p^n)) = p$$

이므로 모든 $i = 1, 2, \cdots, m$에 대하여 $p_i = p$이고 $n_i = 1$이다.

그러므로

$$GF(p^n) \cong \mathbb{Z}_p \times \mathbb{Z}_p \times \cdots \times \mathbb{Z}_p$$

가 성립함을 알 수 있다. ◪

예제 덧셈군 $GF(3^2)$에 대하여

$$GF(3^2) \cong \mathbb{Z}_3 \times \mathbb{Z}_3$$

이다. 또한 덧셈군 $GF(2^5)$에 대하여

$$GF(2^5) \cong \mathbb{Z}_2 \times \mathbb{Z}_2 \times \mathbb{Z}_2 \times \mathbb{Z}_2 \times \mathbb{Z}_2$$

가 성립한다.

정리

소수 p와 자연수 n, 덧셈군 $GF(p^n)$의 부분군 $GF(p)$에 대하여 다음이 성립한다.

$$[GF(p^n) : GF(p)] = n$$

증명 덧셈군 $\mathbb{Z}_p \times \mathbb{Z}_p \times \cdots \times \mathbb{Z}_p$는 체 $\mathbb{Z}_p$ 위에서 정의된 n차원 벡터공간이다. 따라서

$$[\mathbb{Z}_p \times \mathbb{Z}_p \times \cdots \times \mathbb{Z}_p : \mathbb{Z}_p] = n$$

이다. 그런데 덧셈군으로서의 구조는 다음과 같다.

$$GF(p^n) \cong \mathbb{Z}_p \times \mathbb{Z}_p \times \cdots \times \mathbb{Z}_p, \qquad GF(p) \cong \mathbb{Z}_p$$

그러므로

$$[GF(p^n) : GF(p)] = n$$

이 성립한다. ◪

예제 덧셈군 $GF(2^{17})$과 부분군 $GF(2)$에 대하여

$$[GF(2^{17}) : GF(2)] = 17$$

정리

소수 p와 자연수 n에 대하여 다음과 같은 성질이 만족한다.

(1) 만일 t가 n의 약수이면 $GF(p^n)$의 위수가 p^t인 부분체 K가 존재한다.

(2) n의 각각의 약수 t에 대하여 $GF(p^n)$의 위수가 p^t인 부분체는 유일하게 존재한다.

증명 (1) 우선 집합 K를 다음과 같이 놓자.

$$K = \{a \in GF(p^n) \mid a^{p^t} = a\}$$

그러면 임의의 원소 $a, b \in K$에 대하여 $a^{p^t} = a$이고 $b^{p^t} = b$이므로

$$(a-b)^{p^t} = a^{p^t} - b^{p^t} = a - b,$$
$$(ab)^{p^t} = a^{p^t} b^{p^t} = ab$$

이다. 따라서 $a - b \in K$, $ab \in K$이다.

또한 $a \neq 0$일 때

$$(a^{-1})^{p^t} = (a^{p^t})^{-1} = a^{-1}$$

이므로 $a^{-1} \in K$이다.

그러므로 K는 체 $GF(p^n)$의 부분체가 된다.

한편 다항식 $f(x) = x^{p^t} - x$의 근의 개수는 p^t개 이하이므로

$$|K| \leq p^t$$

이다. 또한 $GF(p^n)^* = GF(p^n) - \{0\}$는 곱셈에 대하여 순환군이므로 적당한 원소 $c \in GF(p^n)^*$가 존재하여 $GF(p^n)^* = \langle c \rangle$이다.

그런데 t가 n의 약수이므로 $n = ts$라고 놓으면

$$p^n - 1 = (p^t)^s - 1 = (p^t - 1)(p^{t(s-1)} + p^{t(s-2)} + \cdots + 1)$$

이다. 여기서

$$k = p^{t(s-1)} + p^{t(s-2)} + \cdots + 1$$

으로 놓으면

$$p^n - 1 = (p^t - 1)k$$

이다. 따라서

$$(c^k)^{p^t - 1} = c^{p^n - 1} = 1$$

이다. 즉,

$$(c^k)^{p^t} = c^k$$

이므로 $c^k \in K$이다. 그런데 c^k의 위수는 $p^t - 1$이고 $|K| \le p^t$이므로

$$K = \langle c^k \rangle \cup \{0\}$$

이다. 따라서 결과적으로 K의 위수는 p^t이므로 K는 $GF(p^n)$의 위수가 p^t인 부분체이다.

(2) H가 위수가 p^t이고 $H \neq K$인 $GF(p^n)$의 부분체라고 가정하자. 그러면 H와 K에 속하는 모든 원소는 다항식 $f(x) = x^{p^t} - x$의 근이다. 그런데 $f(x)$는 최대 p^t개의 서로 다른 근을 가지므로 모순을 얻는다. 따라서 $H = K$이므로 $GF(p^n)$의 위수가 p^t인 부분체는 (1)에서 얻은 체 K로서 유일하게 존재함을 알 수 있다. ◪

정리

소수 p와 자연수 n, t, $GF(p^n)$의 부분군 $GF(p^t)$에 대하여 다음 관계가 성립한다.

$$[GF(p^n) : GF(p^t)] = \frac{n}{t}$$

증명 $GF(p^t)$가 $GF(p^n)$의 부분군이므로

$$[GF(p^n) : GF(p)] = [GF(p^n) : GF(p^t)][GF(p^t) : GF(p)]$$

이다. 그런데

$$[GF(p^n) : GF(p)] = n, \qquad [GF(p^t) : GF(p)] = t$$

이므로

$$n = [GF(p^n) : GF(p^t)]\,t$$

이다. 따라서 $[GF(p^n) : GF(p^t)] = \dfrac{n}{t}$가 성립한다. ◪

참고 $GF(p^n)$의 부분체 $GF(p^t)$에 대하여 t가 n의 약수이므로 $n = ts$인 자연수 s가 존재하고 적당한 자연수 k에 대하여 $p^n - 1 = (p^t - 1)k$이다. 또한 군 $GF(p^n)^*$의 생성원 a의 위수는 $p^n - 1$이고 $GF(p^t)^*$의 위수는 $p^t - 1$이므로 $GF(p^t)^*$의 생성원은 a^k이다.

예제 만일 $GF(3^t)$가 체 $GF(3^2)$의 부분체이면

$$[GF(3^2) : GF(3^t)] = \frac{2}{t}$$

이므로

$$t = 1 \quad \text{또는} \quad t = 2$$

이다. 따라서

$$GF(3^t) = GF(3) \quad \text{또는} \quad GF(3^t) = GF(3^2)$$

이다. 또한 $GF(3^2)^*$는 순환군이므로 적당한 원소 $a \in GF(3^2)^*$가 존재하여

$$GF(3^2)^* = \langle a \rangle$$

이다. 그런데 관계식 $p^n - 1 = (p^t - 1)k$에서

$$p = 3, \qquad n = 2$$

이므로 $t = 1$이면 $k = 4$이고 $t = 2$이면 $k = 1$이다.

따라서 각각의 경우에 $GF(3^t)$를 구해보면 다음과 같다.

(i) $t = 1$이고 $k = 4$인 경우에는 $GF(3^t) = GF(3) = \langle a^4 \rangle \cup \{0\}$이다.

(ii) $t = 2$이고 $k = 1$인 경우에는 $GF(3^t) = GF(3^2) = \langle a \rangle \cup \{0\}$이다.

예제 만일 $GF(2^t)$가 체 $GF(2^4)$의 부분체이면 t는 4의 약수이므로

$$t=1 \text{ 또는 } t=2 \text{ 또는 } t=4$$

이다. 따라서

$$GF(2^t)=GF(2) \text{ 또는 } GF(2^t)=GF(2^2) \text{ 또는 } GF(2^t)=GF(2^4)$$

이다. 또한 $GF(2^4)^*$는 순환군이므로 적당한 원소 $a \in GF(2^4)^*$가 존재하여

$$GF(2^4)^* = \langle a \rangle$$

이다. 그런데 관계식 $p^n-1=(p^t-1)k$에서

$$p=2, \qquad n=4$$

이므로 $t=1$이면 $k=15$이고, $t=2$이면 $k=5$이고, $t=4$이면 $k=1$이다.

따라서 각각의 경우에 $GF(2^t)$를 구해보면 다음과 같다.

(i) $t=1$이고 $k=15$인 경우에는 $GF(2^t)=GF(2)=\langle a^{15} \rangle \cup \{0\}$이다.

(ii) $t=2$이고 $k=5$인 경우에는 $GF(2^t)=GF(2^2)=\langle a^5 \rangle \cup \{0\}$이다.

(iii) $t=4$이고 $k=1$인 경우에는 $GF(2^t)=GF(2^4)=\langle a \rangle \cup \{0\}$이다.

예제 체 H와 K가 유한체 $GF(2^7)$의 부분체이고 $H \cap K = GF(2^m)$이라고 가정하자. 그러면 7의 적당한 약수 s, t가 존재하여

$$H=GF(2^s), \qquad K=GF(2^t)$$

이다. 따라서

$$s=1, t=1 \text{ 또는 } s=1, t=7 \text{ 또는}$$
$$s=7, t=1 \text{ 또는 } s=7, t=7$$

이다. 그런데 m은 s와 t의 공약수이므로

$$m=1 \text{ 또는 } m=7$$

이다. 그러므로 $H \cap K$는 다음과 같다.

$$H \cap K = GF(2) \text{ 또는 } H \cap K = GF(2^7)$$

정리

소수 p와 자연수 n에 대하여 유한체 $GF(p^n)$는 대수적으로 닫혀있는 체가 될 수 없다.

증명 자연수 $k>1$에 대하여 유한체 $GF(p^{nk})$가 존재하여 $GF(p^n)$는 $GF(p^{nk})$의 부분체이다. 또한

$$[GF(p^{nk}):GF(p^n)]=k<\infty$$

이므로 $GF(p^{nk})$는 $GF(p^n)$의 유한확대체이다. 따라서 $GF(p^{nk})$는 $GF(p^n)$의 대수적 확대체이다. 따라서 $GF(p^n)$는 대수적으로 닫혀있는 체가 아니다. ◪

예제 유한체 $GF(2^4)$는 대수적으로 닫혀있는 체가 아니다.

연습문제

1. $GF(3^{12})$와 $GF(3)$에 대하여 $[GF(3^{17}) : GF(3)]$을 구하시오.

2. $GF(11^{27})$와 $GF(11^3)$에 대하여 $[GF(11^{27}) : GF(11^3)]$을 구하시오.

3. 순환군 $GF(5^3)^*$의 생성원의 개수를 구하시오.

4. 다항식 $f(x) = x^2 + x + 1 \in \mathbb{Z}_2[x]$은 기약다항식이고 체 $\mathbb{Z}_2$의 적당한 확대체 F가 존재하여 $f(a) = 0$를 만족시키는 원소 $a \in F$가 존재한다. 이때 $f(b) = 0$를 만족시키는 원소 $b \in \mathbb{Z}_2(a)$를 구하고 $f(x)$를 일차식의 곱으로 나타내시오.

5. $GF(7^t)$가 유한체 $GF(7^5)$의 부분체일 때 $GF(7^t)$을 모두 구하시오.
   또한 $GF(7^5)^*$의 생성원을 이용하여 $GF(7^t)$을 나타내시오.

6. $GF(2^t)$가 유한체 $GF(2^9)$의 부분체일 때 $GF(2^t)$을 모두 구하시오.
   또한 $GF(2^9)^*$의 생성원을 이용하여 $GF(2^t)$을 나타내시오.

7. 소수 p와 자연수 n에 대하여 $GF(p^n)^* = \langle a \rangle$일 때 원소 a가 체 $GF(p)$ 위에서 대수적인지 판정하고 이를 증명하시오.

8. $\mathbb{Z}_5[x]/\langle x^2 + x + 1 \rangle$과 $\mathbb{Z}_5[x]/\langle x^3 + x + 1 \rangle$이 서로 동형인지 판정하고 이를 증명하시오.

9. $\mathbb{Z}_2[x]/\langle x^5+x+1\rangle$과 $\mathbb{Z}_2[x]/\langle x^5+x^3+x^2+x+1\rangle$이 서로 동형인지 판정하고 이를 증명하시오.

10. 체 H와 체 K는 모두 유한체 $GF(7^{23})$의 부분체이고 적당한 자연수 m에 대하여 $H\cap K=GF(7^m)$이라고 가정할 때 m을 구하시오.

11. 체 F가 체 $\mathbb{Z}_p$의 유한확대체일 때 $F=\mathbb{Z}_p(a)$를 만족시키는 원소 $a\in F$가 존재하는지 판정하고 이를 증명하시오.

CHAPTER

9

대수적 작도

(Geometric Constructions)

이 장에서는 눈금이 없는 막대자와 컴파스를 이용하여 작도할 수 있는 도형에 대한 성질을 체에 대한 이론을 활용하여 살펴본다.

정의

실수 a에 대하여 눈금이 없는 막대자, 컴파스, 길이가 1인 선분이 주어졌을 때 길이가 $|a|$인 선분을 작도할 수 있으면 실수 a는 **작도 가능하다(constructible)**라고 한다.

정의에 의하여 길이가 1인 선분을 이용하면 평면상의 점 $(1,0)$이 작도 가능하고 컴파스를 이용하면 점 $(-1,0)$, $(0,1)$, $(0,-1)$이 작도 가능하다. 마찬가지 방법으로 컴파스를 연속적으로 이용하면 다음 점들 또한 작도 가능하다.

$$(2,0),\ (3,0),\ \cdots,\ (n,0),\ \cdots$$
$$(-2,0),\ (-3,0),\ \cdots,\ (-n,0),\ \cdots$$
$$(0,2),\ (0,3),\ \cdots,\ (0,n),\ \cdots$$
$$(0,-2),\ (0,-3),\ \cdots,\ (0,-n),\ \cdots$$

그러므로 모든 정수 $m \in \mathbb{Z}$은 작도 가능하다.

정리

실수 a와 b가 작도 가능하면 다음 실수 또한 작도 가능하다.

$$a+b,\quad ab,\quad a-b,\quad \frac{a}{b}\ (b \neq 0)$$

증명 $a>0$이고 $b>0$이라고 가정하자. 우선 원점 $O(0,0)$을 중심으로 하고 양의 x축 방향으로 길이가 a인 선분을 연장하고 컴파스를 이용하여 선분 a의 끝점 $A(a,0)$에서 길이가 b인 선분을 작도하면 길이가 $a+b$인 선분을 작도할 수 있다. 즉, 실수 $a+b$는 작도 가능하다.

마찬가지 방법으로 컴파스를 이용하여 음의 x축 방향으로 길이가 b인 선분을 작도하면 실수 $a-b$ 또한 작도 가능하다.

한편 점 $C(2,1)$가 작도 가능하므로 선분 OC를 작도할 수 있다. 이제 컴파스를 이용하여 선분 OC상에 길이가 1인 선분을 작도할 수 있고 이 점을 U라고 놓자. 즉, OU의 길이는 1이다. 또한 컴파스를 이용하여 선분 OC상에 길이가 b인 선분을 작도할 수 있고 이 점을 B라고 놓자. 즉, OB의 길이는 b이다. 이제 점 B를 지나고 선분 UA와 평행한 직선을 작도하여 OA의 연장선과 만나는 점을 D라고 놓으면 다음 관계식이 성립한다.

$$a : OD = 1 : b$$

따라서

$$OD = ab$$

이므로 선분 OD의 길이는 ab이다. 결과적으로 실수 ab는 작도 가능한 실수임을 알 수 있다.

이제 점 U를 지나고 선분 BA와 평행한 직선을 작도하여 OA의 연장선과 만나는 점을 E라고 놓으면 다음 관계식이 성립한다.

$$a : OE = b : 1$$

따라서

$$OE = \frac{a}{b}$$

이므로 선분 OE의 길이는 $\frac{a}{b}$이다. 그러므로 실수 $\frac{a}{b}$는 작도 가능한 실수임을 알 수 있다.

한편 $a > 0$이고 $b < 0$, $a < 0$이고 $b > 0$, $a < 0$이고 $b < 0$ 등의 다른 경우는 유사한 방법으로 증명할 수 있다. ◪

예제 유리수 4와 3이 작도 가능하므로

$$4+3=7, \quad 4-3=1, \quad 4\times 3=12, \quad \frac{4}{3}$$

는 모두 작도 가능하다.

정리

실수체 $\mathbb{R}$ 의 부분집합 $F=\{a\in\mathbb{R}\mid a$는 작도 가능하다.$\}$는 $\mathbb{R}$ 의 부분체이다.

증명 임의의 두 원소 $a,b\in F$에 대하여 $a-b$, ab, $\frac{a}{b}$ $(b\neq 0)$는 모두 F에 속하는 원소이다. 그러므로 F는 $\mathbb{R}$ 의 부분체이다. ◪

예제 모든 유리수는 작도 가능하므로 체

$$F=\{a\in\mathbb{R}\mid a\text{는 작도 가능하다.}\}$$

에 대하여 다음 포함관계가 성립한다.

$$\mathbb{Q}\subset F$$

정리

실수 $a>0$가 작도 가능하면 $\sqrt{a}$는 작도 가능하다.

증명 원점을 O라고 놓고 양의 x축 방향으로 선분 OA의 길이가 a가 되는 점을 A라고 놓자. 그리고 원점 O로부터 음의 x축 방향으로 길이가 1이 되는 점을 B라고 놓자. 이제 중심이 $\left(\frac{a+1}{2},0\right)$이고 선분 AB를 지름으로 하는 반원을 그리고 y축과 반원이 만나는 점을 C라고 놓는다. 그러면 삼각형 BCO와 삼각형 CAO는 서로 닮은 삼각형이다. 따라서 OC의 길이를 t라고 놓으면 다음 관계를 얻는다.

$$1:t=t:a$$

그러므로 $t^2=a$이고 $t=\sqrt{a}$이므로 $\sqrt{a}$는 작도 가능하다. ◪

예제 유리수 2와 $\frac{4}{3}$는 작도 가능하므로 $\sqrt{2}$와 $\frac{2}{\sqrt{3}}$는 작도 가능하다.

정리

점 (α,β)가 다음 도형의 교점이라고 하면 적당한 원소 $b\in\mathbb{Q}^+$가 존재하여 $\alpha,\beta\in\mathbb{Q}(\sqrt{b})$이다.

(1) 두 직선의 교점 : 원소 $c_i,d_i\in\mathbb{Q}$, $i=1,2,3,4$에 대하여 두 점 (c_1,d_1)과 (c_2,d_2)를 지나는 직선과 두 점 (c_3,d_3)와 (c_4,d_4)를 지나는 직선

(2) 직선과 원의 교점 : 원소 $c_i,d_i,r\in\mathbb{Q}$, $i=1,2$에 대하여 두 점 (c_1,d_1)과 (c_2,d_2)를 지나는 직선과 중심이 (c_1,d_1)이고 반지름이 r인 원

(3) 두 원의 교점 : 원소 $c_i,d_i,r_i\in\mathbb{Q}$, $i=1,2$에 대하여 중심이 (c_1,d_1)이고 반지름이 r_1인 원과 중심이 (c_2,d_2)이고 반지름이 r_2인 원

증명 (1) 두 직선의 교점 : 두 점 (c_1,d_1)과 (c_2,d_2)를 지나는 직선과 두 점 (c_3,d_3)와 (c_4,d_4)를 지나는 직선은 적당한 작도 가능한 유리수 $t_i,s_i,k_i\in\mathbb{Q}$, $i=1,2$에 대하여 각각 다음과 같이 나타낼 수 있다.

$$t_1x+s_1y+k_1=0,\qquad t_2x+s_2y+k_2=0$$

그런데 점 (α,β)가 이 두 직선의 교점이므로 $\alpha,\beta\in\mathbb{Q}$이다.

(2) 직선과 원의 교점 : 두 점 (c_1,d_1)과 (c_2,d_2)를 지나는 직선과 중심이 (c_1,d_1)이고 반지름이 r인 원은 적당한 작도 가능한 실수 $t_i,s_i,k_i\in\mathbb{Q}$, $i=1,2$에 대하여 각각 다음과 같이 나타낼 수 있다.

$$t_1x+s_1y+k_1=0,\qquad x^2+y^2+t_2x+s_2y+k_2=0$$

그런데 점 (α,β)는 직선과 원의 교점이므로 $\alpha,\beta\in\mathbb{Q}(\sqrt{b})$인 적당한 유리수 $b\in\mathbb{Q}^+$가 존재한다.

(3) 두 원의 교점 : 중심이 (c_1,d_1)이고 반지름이 r_1인 원과 중심이 (c_2,d_2)이고 반지름이 r_2인 원은 적당한 작도 가능한 실수 $t_i,s_i,k_i\in\mathbb{Q}$, $i=1,2$에 대하여 각각 다음과 같이 나타낼 수 있다.

$$x^2+y^2+t_1x+s_1y+k_1=0,\qquad x^2+y^2+t_2x+s_2y+k_2=0$$

그런데 점 (α,β)는 두 원의 교점이므로 $\alpha,\beta\in\mathbb{Q}(\sqrt{b})$인 적당한 원소 $b\in\mathbb{Q}^+$

가 존재한다.

결과적으로 점 (α,β)가 주어진 도형의 교점이라고 하면 적당한 원소 $b\in\mathbb{Q}^+$가 존재하여 $\alpha,\beta\in\mathbb{Q}(\sqrt{b})$이 성립함을 알 수 있다. ◪

예제 다음에 주어진 두 직선

$$x+2y+1=0, \qquad 3x+y-2=0$$

의 교점은 $(1,-1)$이다.

또한 적당한 원소 $2\in\mathbb{Q}^+$가 존재하여 $1,\ -1\in\mathbb{Q}(\sqrt{2})$이다.

예제 다음에 주어진 직선과 원

$$x+2y+1=0, \qquad x^2+y^2+2x+2y+1=0$$

의 교점은 $(-1,0)$과 $\left(-\frac{1}{5},-\frac{2}{5}\right)$이다.

또한 적당한 원소 $9\in\mathbb{Q}^+$가 존재하여 $1,0,-\frac{1}{5},-\frac{2}{5}\in\mathbb{Q}(\sqrt{9})=\mathbb{Q}$이다.

예제 다음에 주어진 직선과 원

$$x+y+1=0, \qquad x^2+y^2+2x+2y-1=0$$

의 교점은

$$\left(\frac{-1+\sqrt{5}}{2},\frac{-1-\sqrt{5}}{2}\right), \qquad \left(\frac{-1-\sqrt{5}}{2},\frac{-1+\sqrt{5}}{2}\right)$$

이다.

또한 적당한 원소 $5\in\mathbb{Q}^+$가 존재하여 $\frac{-1+\sqrt{5}}{2},\frac{-1-\sqrt{5}}{2}\in\mathbb{Q}(\sqrt{5})$이다.

예제 다음에 주어진 두 원

$$x^2+y^2-2x-2y=0, \qquad x^2+y^2-x-y-\frac{1}{2}=0$$

의 교점은 다음에 주어진 직선과 원

$$x+y-\frac{1}{2}=0, \qquad x^2+y^2-2x-2y=0$$

의 교점과 같고 이는

$$\left(\frac{2+\sqrt{7}}{4}, \frac{-\sqrt{7}}{4}\right), \qquad \left(\frac{2-\sqrt{7}}{4}, \frac{\sqrt{7}}{4}\right)$$

이다.

또한 적당한 원소 $7 \in \mathbb{Q}^+$이 존재하여 $\frac{2+\sqrt{7}}{4}, \frac{2-\sqrt{7}}{4}, \frac{\sqrt{7}}{4}, \frac{-\sqrt{7}}{4} \in \mathbb{Q}(\sqrt{7})$이다.

정리

점 (α, β)가 적당한 원소 $b_1 \in \mathbb{Q}^+$에 대하여 다음 도형의 교점이면 적당한 원소 $b_2 \in \mathbb{Q}^+$가 존재하여 $\alpha, \beta \in \mathbb{Q}(\sqrt{b_1})(\sqrt{b_2})$이다.

(1) 두 직선의 교점 : 원소 $c_i, d_i \in \mathbb{Q}(\sqrt{b_1})$, $i=1,2,3,4$에 대하여 두 점 (c_1, d_1)과 (c_2, d_2)를 지나는 직선과 두 점 (c_3, d_3)와 (c_4, d_4)를 지나는 직선

(2) 직선과 원의 교점 : 원소 $c_i, d_i, r \in \mathbb{Q}(\sqrt{b_1})$, $i=1,2$에 대하여 두 점 (c_1, d_1)과 (c_2, d_2)를 지나는 직선과 점 (c_1, d_1)을 중심으로 하고 반지름이 r인 원

(3) 두 원의 교점 : 원소 $c_i, d_i, r_i \in \mathbb{Q}(\sqrt{b_1})$, $i=1,2$에 대하여 중심이 (c_1, d_1)이고 반지름이 r_1인 원과 중심이 (c_2, d_2)이고 반지름이 r_2인 원

증명 (1) 두 직선의 교점 : 두 점 (c_1, d_1)과 (c_2, d_2)를 지나는 직선과 두 점 (c_3, d_3)와 (c_4, d_4)를 지나는 직선은 적당한 작도 가능한 유리수 $t_i, s_i, k_i \in \mathbb{Q}(\sqrt{b_1})$, $i=1,2$에 대하여 각각 다음과 같이 나타낼 수 있다.

$$t_1x+s_1y+k_1=0, \qquad t_2x+s_2y+k_2=0$$

따라서 점 (α, β)가 이 두 직선의 교점이라면 $\alpha, \beta \in \mathbb{Q}(\sqrt{b_1})$이다.

(2) 직선과 원의 교점 : 두 점 (c_1, d_1)과 (c_2, d_2)를 지나는 직선과 점 (c_1, d_1)을 중심으로 하고 반지름이 r인 원은 적당한 작도 가능한 실수 $t_i, s_i, k_i \in \mathbb{Q}(\sqrt{b_1})$, $i=1,2$에 대하여 각각 다음과 같이 나타낼 수 있다.

$$t_1x+s_1y+k_1=0, \qquad x^2+y^2+t_2x+s_2y+k_2=0$$

따라서 점 (α,β)가 직선과 원의 교점이라면 적당한 유리수 $b_2\in\mathbb{Q}^+$가 존재하여 $\alpha,\beta\in\mathbb{Q}(\sqrt{b_1})(\sqrt{b_2})$이다.

(3) 두 원의 교점 : 중심이 (c_1,d_1)이고 반지름이 r_1인 원과 중심이 (c_2,d_2)이고 반지름이 r_2인 원은 적당한 작도 가능한 실수 $t_i,s_i,k_i\in\mathbb{Q}(\sqrt{b_1})$, $i=1,2$에 대하여 각각 다음과 같이 나타낼 수 있다.

$$x^2+y^2+t_1x+s_1y+k_1=0, \qquad x^2+y^2+t_2x+s_2y+k_2=0$$

따라서 점 (α,β)가 두 원의 교점이라면 $\alpha,\beta\in\mathbb{Q}(\sqrt{b_1})(\sqrt{b_2})$인 적당한 원소 $b_2\in\mathbb{Q}^+$가 존재한다.

결과적으로 점 (α,β)가 주어진 도형의 교점이라고 할 때 적당한 원소 $b_2\in\mathbb{Q}^+$가 존재하여 $\alpha,\beta\in\mathbb{Q}(\sqrt{b_1})(\sqrt{b_2})$이다. ◪

예제 $\mathbb{Q}(\sqrt{2})$에 속하는 원소를 계수 및 상수항으로 갖는 두 직선

$$x+2y+\sqrt{2}=0, \qquad 3x+y-\sqrt{2}=0$$

의 교점은 $\left(\frac{3\sqrt{2}}{5}, -\frac{4\sqrt{2}}{5}\right)$이다.

또한 적당한 원소 $1\in\mathbb{Q}$이 존재하여

$$\frac{3\sqrt{2}}{5}, -\frac{4\sqrt{2}}{5}\in\mathbb{Q}(\sqrt{2})(\sqrt{1})=\mathbb{Q}(\sqrt{2})$$

예제 $\mathbb{Q}(\sqrt{2})$에 속하는 원소를 계수 및 상수항으로 갖는 다음 직선과 원

$$x-y-\sqrt{2}=0, \qquad x^2+y^2-2x-2y-2\sqrt{2}=0$$

의 교점은

$$\left(\frac{3+\sqrt{7}}{2}, \frac{3+\sqrt{7}-2\sqrt{2}}{2}\right), \qquad \left(\frac{3-\sqrt{7}}{2}, \frac{3-\sqrt{7}-2\sqrt{2}}{2}\right)$$

이다.

또한 적당한 원소 $7 \in \mathbb{Q}$ 이 존재하여

$$\frac{3+\sqrt{7}}{2}, \frac{3+\sqrt{7}-2\sqrt{2}}{2} \in \mathbb{Q}(\sqrt{2})(\sqrt{7})$$
$$\frac{3-\sqrt{7}}{2}, \frac{3-\sqrt{7}-2\sqrt{2}}{2} \in \mathbb{Q}(\sqrt{2})(\sqrt{7})$$

예제 $\mathbb{Q}(\sqrt{2})$에 속하는 원소를 계수 및 상수항으로 갖는 두 원

$$x^2+y^2+2x+2y-2\sqrt{2}=0, \qquad x^2+y^2+x+3y-\sqrt{2}=0$$

의 교점은 다음 직선과 원

$$x-y-\sqrt{2}=0, \qquad x^2+y^2-2x-2y-2\sqrt{2}=0$$

의 교점과 같고 이는

$$\left(\frac{3+\sqrt{7}}{2}, \frac{3+\sqrt{7}-2\sqrt{2}}{2}\right), \qquad \left(\frac{3-\sqrt{7}}{2}, \frac{3-\sqrt{7}-2\sqrt{2}}{2}\right)$$

이다.

또한 적당한 원소 $7 \in \mathbb{Q}$ 이 존재하여

$$\frac{3+\sqrt{7}}{2}, \frac{3+\sqrt{7}-2\sqrt{2}}{2} \in \mathbb{Q}(\sqrt{2})(\sqrt{7})$$
$$\frac{3-\sqrt{7}}{2}, \frac{3-\sqrt{7}-2\sqrt{2}}{2} \in \mathbb{Q}(\sqrt{2})(\sqrt{7})$$

정리

실수 $a \in \mathbb{R}$ 가 작도 가능하면 다음과 같은 성질이 성립한다.

(1) 적당한 원소 $b_i \in \mathbb{R}$, $i=1,2,\cdots,n$가 존재하여 $a \in \mathbb{Q}(b_1,b_2,\cdots,b_n)$이다.

(2) 성질 (1)의 원소 $b_i \in \mathbb{R}$, $i=1,2,\cdots,n$에 대하여

$$[\mathbb{Q}(b_1,b_2,\cdots,b_i) : \mathbb{Q}(b_1,b_2,\cdots,b_{i-1})] = 1 \text{ 또는 } 2$$

(3) 성질 (1)의 원소 $b_i \in \mathbb{R}$, $i=1,2,\cdots,n$에 대하여 적당한 자연수 t가 존재하여

$$[\mathbb{Q}(b_1,b_2,\cdots,b_n) : \mathbb{Q}] = 2^t$$

증명 (1) (α_1, β_1)을 작도 가능한 유리수를 이용한 두 직선(또는 직선과 원 또는 두 원)의 교점이라면 적당한 원소 $a_1 \in \mathbb{R}$이 존재하여 $\alpha_1, \beta_1 \in \mathbb{Q}(\sqrt{a_1})$이다. 또한 (α_2, β_2)를 $\mathbb{Q}(\sqrt{a_1})$에 속한 원소를 이용한 두 직선(또는 직선과 원 또는 두 원)의 교점이라면 적당한 원소 $a_2 \in \mathbb{R}$가 존재하여 $\alpha_2, \beta_2 \in \mathbb{Q}(\sqrt{a_1})(\sqrt{a_2})$이다. 따라서 이 과정을 반복하면 적당한 원소 $a_i \in \mathbb{R}$, $i = 1, 2, \cdots, n$가 존재하여

$$\alpha_n, \beta_n \in \mathbb{Q}(\sqrt{a_1})(\sqrt{a_2}) \cdots (\sqrt{a_n}) = \mathbb{Q}(\sqrt{a_1}, \sqrt{a_2}, \cdots, \sqrt{a_n})$$

이다. 그러므로 원소 $a \in \mathbb{R}$가 작도 가능하면 적당한 원소 $b_i \in \mathbb{R}$, $i = 1, 2, \cdots, n$가 존재하여 $a \in \mathbb{Q}(b_1, b_2, \cdots, b_n)$임을 알 수 있다.

(2) 성질 (1)의 원소 $b_i \in \mathbb{R}$에 대하여 만일 $b_i \in \mathbb{Q}(b_1, b_2, \cdots, b_{i-1})$이면

$$[\mathbb{Q}(b_1, b_2, \cdots, b_i) : \mathbb{Q}(b_1, b_2, \cdots, b_{i-1})] = 1$$

이고 만일 $b_i \notin \mathbb{Q}(b_1, b_2, \cdots, b_{i-1})$이면

$$[\mathbb{Q}(b_1, b_2, \cdots, b_i) : \mathbb{Q}(b_1, b_2, \cdots, b_{i-1})] = 2$$

이 성립한다.

(3) 성질 (2)의 결과에 의하여 적당한 자연수 t가 존재하여

$$\begin{aligned}[\mathbb{Q}(b_1, b_2, \cdots, b_n) : \mathbb{Q}] &= [\mathbb{Q}(b_1, b_2, \cdots, b_n) : \mathbb{Q}(b_1, b_2, \cdots, b_{n-1})] \\ &\quad \times [\mathbb{Q}(b_1, b_2, \cdots, b_{n-1}) : \mathbb{Q}(b_1, b_2, \cdots, b_{n-2})] \\ &\qquad \vdots \\ &\quad \times [\mathbb{Q}(b_1) : \mathbb{Q}] \\ &= 2^t\end{aligned}$$

임을 알 수 있다. ◪

예제 $\mathbb{Q}(\sqrt{2})$에 속하는 원소를 계수 및 상수항으로 갖는 두 직선

$$x + 2y + \sqrt{2} = 0, \qquad 3x + y - \sqrt{2} = 0$$

의 교점 $\left(\frac{3\sqrt{2}}{5}, -\frac{4\sqrt{2}}{5}\right)$으로부터 얻는 작도 가능한 수 $\frac{3\sqrt{2}}{5}$, $-\frac{4\sqrt{2}}{5}$에 대하여 적당한 원소 $b_2 = 1 \in \mathbb{R}$가 존재하여

$$\frac{3\sqrt{2}}{5},\ -\frac{4\sqrt{2}}{5} \in \mathbb{Q}(\sqrt{2})(\sqrt{1}) = \mathbb{Q}(\sqrt{2}, \sqrt{1})$$

이다.

한편

$$[\mathbb{Q}(\sqrt{2}, \sqrt{1}) : \mathbb{Q}(\sqrt{1})] = 2, \qquad [\mathbb{Q}(\sqrt{1}) : \mathbb{Q}] = 1$$

이므로

$$[\mathbb{Q}(\sqrt{2}, \sqrt{1}) : \mathbb{Q}] = [\mathbb{Q}(\sqrt{2}, \sqrt{1}) : \mathbb{Q}(\sqrt{1})][\mathbb{Q}(\sqrt{1}) : \mathbb{Q}] \quad = 2 \times 1 = 2^1$$

예제 $\mathbb{Q}(\sqrt{2})$에 속하는 원소를 계수 및 상수항으로 갖는 다음 직선과 원

$$x - y - \sqrt{2} = 0, \qquad x^2 + y^2 - 2x - 2y - 2\sqrt{2} = 0$$

의 교점

$$\left(\frac{3+\sqrt{7}}{2}, \frac{3+\sqrt{7}-2\sqrt{2}}{2}\right), \qquad \left(\frac{3-\sqrt{7}}{2}, \frac{3-\sqrt{7}-2\sqrt{2}}{2}\right)$$

으로부터 얻은 작도 가능한 수 $\frac{3+\sqrt{7}}{2}, \frac{3+\sqrt{7}-2\sqrt{2}}{2}$에 대하여 적당한 원소 $b_2 = \sqrt{7} \in \mathbb{R}$ 이 존재하여

$$\frac{3+\sqrt{7}}{2}, \frac{3+\sqrt{7}-2\sqrt{2}}{2} \in \mathbb{Q}(\sqrt{2}, \sqrt{7})$$

이다. 또한

$$[\mathbb{Q}(\sqrt{2}, \sqrt{7}) : \mathbb{Q}(\sqrt{2})] = 2, \qquad [\mathbb{Q}(\sqrt{2}) : \mathbb{Q}] = 2$$

이므로

$$\begin{aligned}[\mathbb{Q}(\sqrt{2}, \sqrt{7}) : \mathbb{Q}] &= [\mathbb{Q}(\sqrt{2}, \sqrt{7}) : \mathbb{Q}(\sqrt{2})][\mathbb{Q}(\sqrt{2}) : \mathbb{Q}] \\ &= 2 \times 2 = 2^2\end{aligned}$$

이다.

이제부터 3대 작도 불가능 문제를 증명해보기로 한다.

정리

다음과 같은 도형은 눈금 없는 자와 컴파스만으로는 작도할 수 없다.

(1) 임의의 각 θ의 삼등분

(2) 주어진 정육면체의 2배의 부피를 갖는 정육면체

(3) 주어진 원과 같은 넓이를 갖는 정사각형

증명 (1) 각 $\theta = \frac{\pi}{3}$는 삼등분할 수 없다는 것을 다음과 같이 보일 수 있다.

우선 $\theta_1 = \frac{\pi}{9}$이라고 놓으면 $\theta = 3\theta_1$이다. 또한

$$\frac{1}{2} = \cos 3\theta_1 = 4\cos^3\theta_1 - 3\cos\theta_1$$

이므로

$$8\cos^3\theta_1 - 6\cos\theta_1 - 1 = 0$$

이고 $\cos\theta_1$은 다항식 $f(x) = 8x^3 - 6x - 1$의 근이다.

만일 다항식 $f(x)$가 $\mathbb{Z}[x]$ 내에서 가약다항식이면 $f(x)$는 다음과 같은 일차의 인수 $g(x) = ax + b$를 갖는다.

$$\begin{aligned}&g(x) = x+1 \text{ 또는 } g(x) = x-1 \text{ 또는}\\ &g(x) = 2x+1 \text{ 또는 } g(x) = 2x-1 \text{ 또는}\\ &g(x) = 4x+1 \text{ 또는 } g(x) = 4x-1 \text{ 또는}\\ &g(x) = 8x+1 \text{ 또는 } g(x) = 8x-1\end{aligned}$$

따라서

$$\begin{aligned}&\cos\theta_1 = -1 \text{ 또는 } \cos\theta_1 = 1 \text{ 또는}\\ &\cos\theta_1 = -\frac{1}{2} \text{ 또는 } \cos\theta_1 = \frac{1}{2} \text{ 또는}\\ &\cos\theta_1 = -\frac{1}{4} \text{ 또는 } \cos\theta_1 = \frac{1}{4} \text{ 또는}\\ &\cos\theta_1 = -\frac{1}{8} \text{ 또는 } \cos\theta_1 = \frac{1}{8}\end{aligned}$$

그런데 이는 모두 다항식 $f(x)$의 근이 아니다. 그러므로 다항식 $f(x)$는 $\mathbb{Z}[x]$

내에서 기약다항식이다. 따라서 다항식 $f(x)$는 $\mathbb{Q}[x]$ 내에서 기약다항이므로

$$[\mathbb{Q}(\cos\theta_1):\mathbb{Q}]=3$$

이다. 그런데 $3=2^t$인 자연수 t는 존재하지 않으므로 모순을 얻는다.

그러므로 실수 $\cos\theta_1$는 작도 가능하지 않는다.

결과적으로 각 $\theta_1=\dfrac{\pi}{9}$는 작도 가능하지 않음을 알 수 있다.

(2) 주어진 정육면체의 한 변의 길이가 1이라고 가정하면 정육면체의 부피는 1이다. 만일 주어진 정육면체의 2배의 부피를 갖는 정육면체가 작도 가능하다면 정육면체의 한 변의 길이 $\sqrt[3]{2}$는 작도 가능하다. 그런데 $\sqrt[3]{2}$는 $\mathbb{Q}[x]$ 내에서 기약다항식 $f(x)=x^3-2$의 근이므로

$$[\mathbb{Q}(\sqrt[3]{2}):\mathbb{Q}]=3$$

이다. 그런데 $3=2^t$인 자연수 t가 존재하지 않으므로 실수 $\sqrt[3]{2}$는 작도 가능하지 않다.

이는 모순이므로 부피가 2인 정육면체는 작도 가능하지 않다.

결과적으로 주어진 정육면체의 2배의 부피를 갖는 정육면체는 작도 가능하지 않음을 알 수 있다.

(3) 주어진 원의 반지름의 길이가 1이라고 가정하면 원의 면적은 π이다. 만일 주어진 원과 같은 면적을 갖는 정사각형이 작도 가능하다면 정사각형의 한 변의 길이 $\sqrt{\pi}$는 작도 가능하다. 그러므로 $[\mathbb{Q}(\sqrt{\pi}):\mathbb{Q}]=2^t$인 적당한 자연수 t가 존재한다. 그런데 실수 π는 $\mathbb{Q}$ 위에서 초월적이므로 실수 $\sqrt{\pi}$ 또한 $\mathbb{Q}$ 위에서 초월적이다.

따라서 $[\mathbb{Q}(\sqrt{\pi}):\mathbb{Q}]=2^t$인 자연수 t가 존재할 수 없으므로 모순을 얻는다.

그러므로 면적이 π인 정사각형은 작도 가능하지 않는다.

결과적으로 주어진 원과 같은 넓이를 갖는 정사각형은 작도 가능하지 않음을 알 수 있다. ◪

연습문제

1. 각 $\frac{\pi}{6}$는 작도 가능한지 판정하고 이를 증명하시오.

2. 각 θ에 대하여 다음 명제의 참 또는 거짓을 판정하고 이를 증명하시오.

$$\sin\theta\text{는 작도 가능하다} \Leftrightarrow \cos\theta\text{는 작도 가능하다}$$

3. 각 θ에 대하여 다음 명제의 참 또는 거짓을 판정하고 이를 증명하시오.

$$\cos\theta\text{는 작도 가능하다} \Leftrightarrow \cos 2\theta\text{는 작도 가능하다}$$

4. 각 θ에 대하여 다음 명제의 참 또는 거짓을 판정하고 이를 증명하시오.

$$\sin\theta\text{는 작도 가능하다} \Leftrightarrow \sin 2\theta\text{는 작도 가능하다}$$

CHAPTER

10

갈로아 이론

(Galois Theories)

이 장에서는 갈로아 군과 갈로아 확대체에 관한 기본적인 성질에 대해서 살펴본다.

정의

체 F에 대하여 사상 $f : F \to F$가 다음 조건을 모두 만족시키면 f를 체 F의 자기동형사상(automorphism)이라고 한다.

(1) 임의의 원소 $a, b \in F$에 대하여 $f(a+b) = f(a) + f(b)$이다.

(2) 임의의 원소 $a, b \in F$에 대하여 $f(ab) = f(a)f(b)$이다.

예제 체 F에 대하여 사상 $f : F \to F$를 임의의 원소 $a \in F$에 대하여

$$f(a) = a$$

으로 정의하면 임의의 원소 $a, b \in F$에 대하여

$$f(a+b) = a+b = f(a) + f(b), \qquad f(ab) = ab = f(a)f(b)$$

이므로 f는 체 F의 자기동형사상이다.

예제 사상 $f : \mathbb{Q}(\sqrt{2}) \to \mathbb{Q}(\sqrt{2})$를 임의의 원소 $a + b\sqrt{2} \in \mathbb{Q}(\sqrt{2})$에 대하여

$$f(a + b\sqrt{2}) = a - b\sqrt{2}$$

으로 정의하면 임의의 원소 $a + b\sqrt{2}, c + d\sqrt{2} \in \mathbb{Q}(\sqrt{2})$에 대하여

$$\begin{aligned} f((a+b\sqrt{2}) + (c+d\sqrt{2})) &= a + c - (b+d)\sqrt{2} \\ &= (a - b\sqrt{2}) + (c - d\sqrt{2}) \\ &= f(a+b\sqrt{2}) + f(c+d\sqrt{2}) \end{aligned}$$

$$\begin{aligned} f((a+b\sqrt{2})(c+d\sqrt{2})) &= (ac + 2bd) - (ad + bc)\sqrt{2} \\ &= (a - b\sqrt{2})(c - d\sqrt{2}) \\ &= f(a+b\sqrt{2})f(c+d\sqrt{2}) \end{aligned}$$

이므로 f는 체 $\mathbb{Q}(\sqrt{2})$의 자기동형사상이다.

예제 사상 $f:\mathbb{Q}(\sqrt{2}) \to \mathbb{Q}(\sqrt{2})$를 임의의 원소 $a+b\sqrt{2} \in \mathbb{Q}(\sqrt{2})$에 대하여

$$f(a+b\sqrt{2}) = 2a - b\sqrt{2}$$

으로 정의하면 임의의 원소 $a+b\sqrt{2}, c+d\sqrt{2} \in \mathbb{Q}(\sqrt{2})$에 대하여

$$\begin{aligned} f((a+b\sqrt{2})+(c+d\sqrt{2})) &= 2(a+c)-(b+d)\sqrt{2} \\ &= (2a-b\sqrt{2})+(2c-d\sqrt{2}) \\ &= f(a+b\sqrt{2})+f(c+d\sqrt{2}) \end{aligned}$$

이지만

$$\begin{aligned} f((a+b\sqrt{2})(c+d\sqrt{2})) &= 2(ac+2bd)-(ad+bc)\sqrt{2} \\ &\neq (2a-b\sqrt{2})(2c-d\sqrt{2}) \\ &= f(a+b\sqrt{2})f(c+d\sqrt{2}) \end{aligned}$$

이므로 f는 체 $\mathbb{Q}(\sqrt{2})$의 자기동형사상이 아니다.

정리

체 F에 대하여 집합

$$G = \{f \mid f\text{는 체 } F\text{의 자기동형사상}\}$$

는 합성연산에 대하여 군이다.

증명 임의의 원소 $f, g, h \in G$에 대하여 다음이 성립한다.

(i) f와 g가 F의 자기동형사상이므로 fg는 F의 자기동형사상이다. 따라서 $fg \in G$이다.

(ii) $f(gh) = (fg)h$이다.

(iii) 항등사상 1_F는 F의 자기동형사상이고

$$f1_F = f = 1_F f$$

이다. 따라서 항등원 $1_F \in G$가 존재한다.

(iv) f가 F의 자기동형사상이므로 f^{-1}는 F의 자기동형사상이다. 따라서 $f^{-1} \in G$가

존재한다.

결과적으로 집합 G는 합성연산에 대하여 군이 됨을 알 수 있다. ◪

정리

체 F의 확대체 E에 대하여 집합

$$G = \{f \mid f\text{는 } E\text{의 자기동형사상이고 모든 원소 } a \in F\text{에 대하여 } f(a) = a\}$$

는 합성연산에 대하여 군이다.

증명 임의의 원소 $f, g, h \in G$에 대하여 다음이 성립한다.

(i) fg는 E의 자기동형사상이고 임의의 원소 $a \in F$에 대하여

$$fg(a) = f(g(a)) = f(a) = a$$

이므로 $fg \in G$이다. 즉, 집합 G는 합성연산에 대하여 닫혀있다.

(ii) $f(gh) = (fg)h$가 성립함은 명백하다.

(iii) 항등사상 1_E는 E의 자기동형사상이고

$$1_E(a) = a, \qquad a \in F$$

이므로 $1_E \in G$이다. 또한

$$f1_E = f = 1_E f$$

이므로 항등원 $1_E \in G$가 존재한다.

(iv) f가 E의 자기동형사상이므로 f^{-1}는 E의 자기동형사상이다. 또한

$$f(a) = a, \qquad a \in F$$

이므로

$$f^{-1}(a) = a, \qquad a \in F$$

이다. 즉, $f^{-1} \in G$이다. 한편

$$ff^{-1} = 1_E = f^{-1}f$$

이므로 f의 역원 $f^{-1} \in G$가 존재한다.

결과적으로 집합 G는 합성연산에 대하여 군이 됨을 알 수 있다. ◪

정의

체 F의 확대체 E에 대하여 군

$$G=\{f \mid f\text{는 } E\text{의 자기동형사상이고 모든 원소 } a\in F\text{에 대하여 } f(a)=a\}$$

를 F위에서 E의 갈로아 군(Galois group)이라고 하고 $G(E/F)$ 또는 $Gal(E/F)$로 나타낸다.

예제 체 F에 대하여 원소 $f\in G(F/F)$를 택하면 임의의 원소 $a\in F$에 대하여

$$f(a)=a$$

이므로 F 위에서 F의 갈로아 군은 다음과 같이 위수가 1인 군이다.

$$G(F/F)=\{1_F\}$$

예제 체 $\mathbb{Q}$ 위에서 $\mathbb{Q}(\sqrt{5})$의 갈로아 군 $G(\mathbb{Q}(\sqrt{5})/\mathbb{Q})$를 다음과 같이 구할 수 있다.

만일 $f\in G(\mathbb{Q}(\sqrt{5})/\mathbb{Q})$이라면

$$f(r)=r,\qquad r\in\mathbb{Q}$$

이다. 따라서 f는 $f(\sqrt{5})$에 의하여 완전히 결정된다. 한편,

$$(f(\sqrt{5}))^2=f(\sqrt{5}\sqrt{5})=f(5)=5$$

이므로

$$f(\sqrt{5})=\sqrt{5}\quad\text{또는}\quad f(\sqrt{5})=-\sqrt{5}$$

이다. 각각의 경우를 살펴보면 다음과 같다.

(i) $f(\sqrt{5})=\sqrt{5}$이면 임의의 원소 $a+b\sqrt{5}\in\mathbb{Q}(\sqrt{5})$에 대하여

$$f(a+b\sqrt{5})=f(a)+f(b)f(\sqrt{5})=a+b\sqrt{5}$$

이므로 $g=1_{\mathbb{Q}(\sqrt{5})}$이다.

(ii) $f(\sqrt{5})=-\sqrt{5}$이면 임의의 원소 $a+b\sqrt{5}\in\mathbb{Q}(\sqrt{5})$에 대하여

$$f(a+b\sqrt{5})=f(a)+f(b)f(\sqrt{5})=a-b\sqrt{5}$$

이다.

따라서 (ii)에서 정의된 사상 f에 대하여

$$G(\mathbb{Q}(\sqrt{5})/\mathbb{Q})=\{1_{\mathbb{Q}(\sqrt{5})}, f\}$$

이므로 체 $\mathbb{Q}$ 위에서 $\mathbb{Q}(\sqrt{5})$의 갈로아 군 $G(\mathbb{Q}(\sqrt{5})/\mathbb{Q})$는 위수가 2인 순환군이 됨을 알 수 있다.

예제 체 $\mathbb{Q}$ 위에서 $\mathbb{Q}(\sqrt[4]{2})$의 갈로아 군 $G(\mathbb{Q}(\sqrt[4]{2})/\mathbb{Q})$를 다음과 같이 구할 수 있다.

만일 $g\in G(\mathbb{Q}(\sqrt[4]{2})/\mathbb{Q})$이라면

$$g(r)=r, \qquad r\in\mathbb{Q}$$

이다. 따라서 g는 $g(\sqrt[4]{2})$에 의하여 완전히 결정된다. 한편,

$$(g(\sqrt[4]{2}))^4=g(2)=2$$

이므로

$$g(\sqrt[4]{2})=\sqrt[4]{2} \quad \text{또는} \quad g(\sqrt[4]{2})=-\sqrt[4]{2}$$

이다. 각각의 경우를 살펴보면 다음과 같다.

(i) $g(\sqrt[4]{2})=\sqrt[4]{2}$이면 임의의 원소

$$a+b\sqrt[4]{2}+c\sqrt[4]{4}+d\sqrt[4]{8}\in\mathbb{Q}(\sqrt[4]{2}), \qquad a,b,c,d\in\mathbb{Q}$$

에 대하여

$$g(a+b\sqrt[4]{2}+c\sqrt[4]{4}+d\sqrt[4]{8})=a+b\sqrt[4]{2}+c\sqrt[4]{4}+d\sqrt[4]{8}$$

이므로 $g=1_{\mathbb{Q}(\sqrt[4]{2})}$이다.

(ii) $g(\sqrt[4]{2})=-\sqrt[4]{2}$이면 임의의 원소

$$a+b\sqrt[4]{2}+c\sqrt[4]{4}+d\sqrt[4]{8}\in\mathbb{Q}(\sqrt[4]{2}),\qquad a,b,c,d\in\mathbb{Q}$$

에 대하여

$$g(a+b\sqrt[4]{2}+c\sqrt[4]{4}+d\sqrt[4]{8})=a-b\sqrt[4]{2}+c\sqrt[4]{4}-d\sqrt[4]{8}$$

이다.

따라서 (ii)에서 정의된 사상 g에 대하여

$$G(\mathbb{Q}(\sqrt[4]{2})/\mathbb{Q})=\{1_{\mathbb{Q}(\sqrt[4]{2})},\ g\}$$

이므로 체 $\mathbb{Q}$ 위에서 $\mathbb{Q}(\sqrt[4]{2})$의 갈로아 군 $G(\mathbb{Q}(\sqrt[4]{2})/\mathbb{Q})$는 위수가 2인 순환군이 됨을 알 수 있다.

따라서 군 $G(\mathbb{Q}(\sqrt[4]{2})/\mathbb{Q})$는 $\mathbb{Z}_2$와 동형인 군이다.

예제 체 $\mathbb{Q}$ 위에서 $\mathbb{Q}(\sqrt{2},\sqrt{5})$의 갈로아 군 $G(\mathbb{Q}(\sqrt{2},\sqrt{5})/\mathbb{Q})$를 다음과 같이 구할 수 있다.

만일 $g\in G(\mathbb{Q}(\sqrt{2},\sqrt{5})/\mathbb{Q})$이라면

$$g(r)=r,\qquad r\in\mathbb{Q}$$

이다. 따라서 g는 $g(\sqrt{2})$와 $g(\sqrt{5})$에 의하여 완전히 결정된다. 한편,

$$(g(\sqrt{2}))^2=g(2)=2,\qquad (g(\sqrt{5}))^2=g(5)=5$$

이므로

$$g(\sqrt{2})=\sqrt{2}\quad \text{또는}\quad g(\sqrt{2})=-\sqrt{2}$$

이고

$$g(\sqrt{5})=\sqrt{5}\quad \text{또는}\quad g(\sqrt{5})=-\sqrt{5}$$

이다. 각각의 경우를 살펴보면 다음과 같다.

(i) $g(\sqrt{2})=\sqrt{2}$이고 $g(\sqrt{5})=\sqrt{5}$이면

임의의 원소

$$a+b\sqrt{2}+c\sqrt{5}+d\sqrt{2}\sqrt{5}\in\mathbb{Q}(\sqrt{2},\sqrt{5}),\qquad a,b,c,d\in\mathbb{Q}$$

에 대하여

$$g(a+b\sqrt{2}+c\sqrt{5}+d\sqrt{2}\sqrt{5})=a+b\sqrt{2}+c\sqrt{5}+d\sqrt{2}\sqrt{5}$$

이므로 $g=1_{\mathbb{Q}(\sqrt{2},\sqrt{5})}$이다.

(ii) $g(\sqrt{2})=\sqrt{2}$이고 $g(\sqrt{5})=-\sqrt{5}$이면

임의의 원소

$$a+b\sqrt{2}+c\sqrt{5}+d\sqrt{2}\sqrt{5}\in\mathbb{Q}(\sqrt{2},\sqrt{5}),\quad a,b,c,d\in\mathbb{Q}$$

에 대하여

$$g(a+b\sqrt{2}+c\sqrt{5}+d\sqrt{2}\sqrt{5})=a+b\sqrt{2}-c\sqrt{5}-d\sqrt{2}\sqrt{5}$$

이다.

(iii) $g(\sqrt{2})=-\sqrt{2}$이고 $g(\sqrt{5})=\sqrt{5}$이면

임의의 원소

$$a+b\sqrt{2}+c\sqrt{5}+d\sqrt{2}\sqrt{5}\in\mathbb{Q}(\sqrt{2},\sqrt{5}),\quad a,b,c,d\in\mathbb{Q}$$

에 대하여

$$g(a+b\sqrt{2}+c\sqrt{5}+d\sqrt{2}\sqrt{5})=a-b\sqrt{2}+c\sqrt{5}-d\sqrt{2}\sqrt{5}$$

이다.

(iv) $g(\sqrt{2})=-\sqrt{2}$이고 $g(\sqrt{5})=-\sqrt{5}$이면

임의의 원소

$$a+b\sqrt{2}+c\sqrt{5}+d\sqrt{2}\sqrt{5}\in\mathbb{Q}(\sqrt{2},\sqrt{5}),\quad a,b,c,d\in\mathbb{Q}$$

에 대하여

$$g(a+b\sqrt{2}+c\sqrt{5}+d\sqrt{2}\sqrt{5})=a-b\sqrt{2}-c\sqrt{5}+d\sqrt{2}\sqrt{5}$$

이다.

그러므로 (ii), (iii), (iv)에서 정의된 사상 g를 차례로 g_1, g_2, g_3으로 놓으면

$$G(\mathbb{Q}(\sqrt{2},\sqrt{5})/\mathbb{Q})=\{1_{\mathbb{Q}(\sqrt{2},\sqrt{5})}, g_1, g_2, g_3\}$$

이다. 즉, 체 $\mathbb{Q}$ 위에서 $\mathbb{Q}(\sqrt{2},\sqrt{5})$의 갈로아 군 $G(\mathbb{Q}(\sqrt{2},\sqrt{5})/\mathbb{Q})$는 위수가 4인

군이 됨을 알 수 있다.

또한 g_1, g_2, g_3 모두 위수가 2이므로 군 $G(\mathbb{Q}(\sqrt{2}, \sqrt{5})/\mathbb{Q})$ 내에는 위수가 4인 원소가 존재하지 않기 때문에 군 $G(\mathbb{Q}(\sqrt{2}, \sqrt{5})/\mathbb{Q})$는 순환군이 될 수 없다.

예제 $\mathbb{Q}(\sqrt{5})$ 위에서 $\mathbb{Q}(\sqrt{2}, \sqrt{5})$의 갈로아 군 $G(\mathbb{Q}(\sqrt{2}, \sqrt{5})/\mathbb{Q}(\sqrt{5}))$을 다음과 같이 구할 수 있다.

만일 $g \in G(\mathbb{Q}(\sqrt{2}, \sqrt{5})/\mathbb{Q}(\sqrt{5}))$이라면

$$g(r) = r, \qquad r \in \mathbb{Q}(\sqrt{5})$$

이다. 따라서 g는 $g(\sqrt{2})$에 의하여 완전히 결정된다. 한편,

$$(g(\sqrt{2}))^2 = g(2) = 2$$

이므로

$$g(\sqrt{2}) = \sqrt{2} \quad \text{또는} \quad g(\sqrt{2}) = -\sqrt{2}$$

이다. 각각의 경우를 살펴보면 다음과 같다.

(i) $g(\sqrt{2}) = \sqrt{2}$이면

임의의 원소

$$a + b\sqrt{2} + c\sqrt{5} + d\sqrt{2}\sqrt{5} \in \mathbb{Q}(\sqrt{2}, \sqrt{5}), \qquad a, b, c, d \in \mathbb{Q}$$

에 대하여

$$g(a + b\sqrt{2} + c\sqrt{5} + d\sqrt{2}\sqrt{5}) = a + b\sqrt{2} + c\sqrt{5} + d\sqrt{2}\sqrt{5}$$

이므로 $g = 1_{\mathbb{Q}(\sqrt{2}, \sqrt{5})}$이다.

(ii) $g(\sqrt{2}) = -\sqrt{2}$이면

임의의 원소

$$a + b\sqrt{2} + c\sqrt{5} + d\sqrt{2}\sqrt{5} \in \mathbb{Q}(\sqrt{2}, \sqrt{5}), \qquad a, b, c, d \in \mathbb{Q}$$

에 대하여

$$g(a + b\sqrt{2} + c\sqrt{5} + d\sqrt{2}\sqrt{5}) = a - b\sqrt{2} + c\sqrt{5} - d\sqrt{2}\sqrt{5}$$

이다.

그러므로 (ii)에서 정의된 사상 g에 대하여

$$G(\mathbb{Q}(\sqrt{2}, \sqrt{5})/\mathbb{Q}(\sqrt{5})) = \{1_{\mathbb{Q}(\sqrt{2}, \sqrt{5})}, g\}$$

이다. 즉, 체 $\mathbb{Q}(\sqrt{5})$ 위에서 $\mathbb{Q}(\sqrt{2}, \sqrt{5})$의 갈로아 군 $G(\mathbb{Q}(\sqrt{2}, \sqrt{5})/\mathbb{Q}(\sqrt{5}))$는 위수가 2인 순환군임을 알 수 있다.

예제 체 $\mathbb{Q}$ 위에서 $\mathbb{Q}\left(\frac{-1+\sqrt{3}i}{2}\right)$의 갈로아 군 $G\left(\mathbb{Q}\left(\frac{-1+\sqrt{3}i}{2}\right)/\mathbb{Q}\right)$을 다음과 같이 구할 수 있다.

만일 $g \in G\left(\mathbb{Q}\left(\frac{-1+\sqrt{3}i}{2}\right)/\mathbb{Q}\right)$이라면

$$g(r) = r, \quad r \in \mathbb{Q}$$

이다. 따라서 g는 $g\left(\frac{-1+\sqrt{3}i}{2}\right)$에 의하여 완전히 결정된다. 즉, $g(\sqrt{3})$과 $g(i)$에 의하여 완전히 결정된다. 한편,

$$(g(\sqrt{3}))^2 = g(3) = 3,$$
$$(g(i))^2 = g(-1) = -1$$

이므로

$$g(\sqrt{3}) = \sqrt{3} \quad \text{또는} \quad g(\sqrt{3}) = -\sqrt{3}$$

이고

$$g(i) = i \quad \text{또는} \quad g(i) = -i$$

이다.

만일 $w = \frac{-1+\sqrt{3}i}{2}$이라고 놓으면 $w^2 = \frac{-1-\sqrt{3}i}{2}$이고 $w^3 = 1$이다.

또한

$$\mathbb{Q}\left(\frac{-1+\sqrt{3}i}{2}\right) = \mathbb{Q}(w)$$

이다.

이제 각각의 경우를 살펴보면 다음과 같다.

(i) $g(\sqrt{3})=\sqrt{3}$이고 $g(i)=i$이면 임의의 원소 $a+bw+cw^2\in\mathbb{Q}(w)$, $a,b,c\in\mathbb{Q}$에 대하여

$$g(a+bw+cw^2)=a+bw+cw^2$$

이므로 $g=1_{\mathbb{Q}(w)}$이다.

(ii) $g(\sqrt{3})=\sqrt{3}$이고 $g(i)=-i$이면 임의의 원소 $a+bw+cw^2\in\mathbb{Q}(w)$, $a,b,c\in\mathbb{Q}$에 대하여

$$g(a+bw+cw^2)=a+cw+bw^2$$

이다. 이때 $gg=1_{\mathbb{Q}(w)}$이다.

(iii) $g(\sqrt{3})=-\sqrt{3}$이고 $g(i)=i$이면 임의의 원소 $a+bw+cw^2\in\mathbb{Q}(w)$, $a,b,c\in\mathbb{Q}$에 대하여

$$g(a+bw+cw^2)=a+cw+bw^2$$

이다. 이때 $gg=1_{\mathbb{Q}(w)}$이다.

(iv) $g(\sqrt{3})=-\sqrt{3}$이고 $g(i)=-i$이면 임의의 원소 $a+bw+cw^2\in\mathbb{Q}(w)$, $a,b,c\in\mathbb{Q}$에 대하여

$$g(a+bw+cw^2)=a+bw+cw^2$$

이다. 그러므로 $g=1_{\mathbb{Q}(w)}$이다.

따라서 (ii)에서 정의된 사상 g에 대하여

$$G\left(\mathbb{Q}\left(\frac{-1+\sqrt{3}\,i}{2}\right)/\mathbb{Q}\right)=\{1_{\mathbb{Q}(w)},\ g\}$$

이다. 즉, 체 $\mathbb{Q}$ 위에서 $\mathbb{Q}\left(\frac{-1+\sqrt{3}\,i}{2}\right)$의 갈로아 군 $G\left(\mathbb{Q}\left(\frac{-1+\sqrt{3}\,i}{2}\right)/\mathbb{Q}\right)$는 위수가 2인 순환군임을 알 수 있다.

정리

체 E가 체 F의 확대체일 때 F 위에서 E의 갈로아 군 $G(E/F)$의 부분군 H에 대하여 집합

$$E_H = \{a \in E \mid \text{모든 원소 } f \in H \text{에 대하여 } f(a) = a\}$$

는 E의 부분체이고 F의 확대체이다.

증명 임의의 원소 $a, b \in E_H$에 대하여 다음이 성립한다.

(i) 임의의 원소 $f \in H$에 대하여

$$f(a) = a, \qquad f(b) = b$$

이므로

$$f(a-b) = f(a) - f(b) = a - b$$
$$f(ab) = f(a)f(b) = ab$$

이다. 따라서 $a-b, ab \in E_H$이다.

또한 $a \neq 0 \in E_H$인 경우에

$$f(a^{-1}) = f(a)^{-1} = a^{-1}$$

이다. 따라서 $a^{-1} \in E_H$이다.

결과적으로 집합 E_H는 체가 된다.

(ii) 임의의 원소 $b \in F$에 대하여

$$f(b) = b, \qquad f \in H$$

이므로 $b \in E_H$이다. 따라서

$$F \subset E_H$$

이다. 또한 E_H의 정의에 의하여

$$E_H \subset E$$

이므로 다음 포함관계가 성립한다.

$$F \subset E_H \subset E$$

즉, E_H는 E의 부분체이고 F의 확대체이다. ◪

예제 체 $\mathbb{Q}$의 확대체 $\mathbb{Q}(\sqrt{2})$의 갈로아 군 $G(\mathbb{Q}(\sqrt{2})/\mathbb{Q})$에 속하는 자기동형사상 $f : \mathbb{Q}(\sqrt{2}) \to \mathbb{Q}(\sqrt{2})$

$$f(a+b\sqrt{2}) = a-b\sqrt{2}, \quad a,b \in \mathbb{Q}$$

에 대하여 $H = \{1_{\mathbb{Q}(\sqrt{2})}, f\}$는 $G(\mathbb{Q}(\sqrt{2})/\mathbb{Q})$의 부분군이다.

또한

$$\mathbb{Q}(\sqrt{2})_H = \mathbb{Q}$$

이므로 $\mathbb{Q}(\sqrt{2})_H$는 $\mathbb{Q}(\sqrt{2})$의 부분체이고 $\mathbb{Q}$의 확대체이다.

정의

체 E가 체 F의 확대체일 때 F 위에서 E의 갈로아 군 $G(E/F)$의 부분군 H에 대하여 E의 부분체

$$E_H = \{a \in E \mid \text{모든 원소 } f \in H \text{에 대하여 } f(a) = a\}$$

를 H의 **불변체**(fixed field)라고 한다.

예제 체 F에 대하여 $G(F/F) = \{1_F\}$이므로 H가 $G(F/F)$의 부분군이라면

$$H = G(F/F) = \{1_F\}$$

이다. 그런데 임의의 원소 $a \in F$에 대하여 $1_F(a) = a$이므로 H의 불변체는

$$F_H = F$$

이다.

예제 체 $\mathbb{Q}$ 위에서 $\mathbb{Q}(\sqrt{2})$의 갈로아 군 $G(\mathbb{Q}(\sqrt{2})/\mathbb{Q})$에 속하는 자기동형사상 $f : \mathbb{Q}(\sqrt{2}) \to \mathbb{Q}(\sqrt{2})$

$$f(a+b\sqrt{2}) = a-b\sqrt{2}, \quad a,b \in \mathbb{Q}$$

에 대하여

$$H = \{1_{\mathbb{Q}(\sqrt{2})}, f\}$$

이라고 놓으면 H는 $G(\mathbb{Q}(\sqrt{2})/\mathbb{Q})$의 부분군이고 H의 불변체는

$$\mathbb{Q}(\sqrt{2})_H = \mathbb{Q}$$

임을 알 수 있다.

예제 체 $\mathbb{Q}$ 위에서 $\mathbb{Q}(\sqrt{2}, \sqrt{5})$의 갈로아 군 $G(\mathbb{Q}(\sqrt{2}, \sqrt{5})/\mathbb{Q})$에 속하는 자기동형사상 $f : \mathbb{Q}(\sqrt{2}, \sqrt{5}) \to \mathbb{Q}(\sqrt{2}, \sqrt{5})$

$$f(a + b\sqrt{2} + c\sqrt{5} + d\sqrt{2}\sqrt{5}) = a - b\sqrt{2} + c\sqrt{5} - d\sqrt{2}\sqrt{5}, \quad a, b, c, d \in \mathbb{Q}$$

에 대하여

$$H = \{1_{\mathbb{Q}(\sqrt{2}, \sqrt{5})}, f\}$$

이라고 놓으면 H는 $G(\mathbb{Q}(\sqrt{2}, \sqrt{5})/\mathbb{Q})$의 부분군이고 H의 불변체는

$$\mathbb{Q}(\sqrt{2}, \sqrt{5})_H = \mathbb{Q}(\sqrt{5})$$

이다.

정리

체 E가 체 F의 확대체일 때 집합

$$S = \{K \mid K\text{는 } E\text{의 부분체이고 } F\text{의 확대체이다}\}$$
$$T = \{H \mid H\text{는 } G(E/F)\text{의 부분군이다}\}$$

에 대하여 다음이 성립한다.

(1) $\phi : S \to T$를 임의의 $K \in S$에 대하여

$$\phi(K) = G(E/K)$$

로 정의하면 $K_1 \subset K_2$인 E의 부분체 $K_1, K_2 \in S$에 대하여

$$\phi(K_2) = G(E/K_2) \subset G(E/K_1) = \phi(K_1)$$

(2) $\psi : T \to S$를 임의의 $H \in T$에 대하여

$$\psi(H) = E_H$$

로 정의하면 $H_1 \subset H_2$인 $H_1, H_2 \in T$에 대하여

$$\psi(H_2) = E_{H_2} \subset E_{H_1} = \psi(H_1)$$

증명 (1) $K_1 \subset K_2$인 E의 부분체 K_1과 K_2에 대하여

$$\phi(K_1) = G(E/K_1), \qquad \phi(K_2) = G(E/K_2)$$

이다. 임의의 자기동형사상 $f \in \phi(K_2) = G(E/K_2)$를 택하면

$$f(a) = a, \qquad a \in K_2$$

이다. 그런데 $K_1 \subset K_2$이므로

$$f(a) = a, \qquad a \in K_1$$

이다. 따라서 $f \in \phi(K_1) = G(E/K_1)$이므로 포함관계

$$\phi(K_2) = G(E/K_2) \subset G(E/K_1) = \phi(K_1)$$

이 성립한다.

(2) $H_1 \subset H_2$인 $G(E/F)$의 부분군 H_1과 H_2에 대하여

$$\psi(H_1) = E_{H_1}, \qquad \psi(H_2) = E_{H_2}$$

이다. 임의의 원소 $a \in E_{H_2} = \psi(H_2)$를 택하면

$$f(a) = a, \qquad f \in H_2$$

이다. 그런데 $H_1 \subset H_2$이므로

$$f(a) = a, \qquad f \in H_1$$

이다. 따라서 $a \in E_{H_1} = \psi(H_1)$이므로 포함관계

$$\psi(H_2) = E_{H_2} \subset E_{H_1} = \psi(H_1)$$

가 성립한다. ◼

예제 체 $F = \mathbb{Q}$ 의 확대체 $E = \mathbb{Q}(\sqrt{2})$에 대하여

$$S = \{K \mid K\text{는 } E\text{의 부분체이고 } F\text{의 확대체이다}\}$$
$$= \{\mathbb{Q}, \mathbb{Q}(\sqrt{2})\}$$

이고 부분체 $K_1, K_2 \in S$를

$$K_1 = \mathbb{Q}, \qquad K_2 = \mathbb{Q}(\sqrt{2})$$

으로 놓으면 $K_1 \subset K_2$이다. 또한

$$G(E/K_2) = G(\mathbb{Q}(\sqrt{2})/\mathbb{Q}(\sqrt{2})) \subset G(\mathbb{Q}(\sqrt{2})/\mathbb{Q}) = G(E/K_1)$$

이다.

한편, 자기동형사상 $f \in G(\mathbb{Q}(\sqrt{2})/\mathbb{Q})$,

$$f(a + b\sqrt{2}) = a - b\sqrt{2}, \qquad a, b \in \mathbb{Q}$$

에 대하여

$$H_1 = \{1_{\mathbb{Q}(\sqrt{2})}\}, \qquad H_2 = \{1_{\mathbb{Q}(\sqrt{2})}, f\}$$

으로 놓으면

$$T = \{H \mid H\text{는 } G(E/F)\text{의 부분군이다}\}$$
$$= \{H_1, H_2\}$$

이고 $H_1 \subset H_2$이다. 또한

$$\mathbb{Q}(\sqrt{2})_{H_2} = \mathbb{Q}, \qquad \mathbb{Q}(\sqrt{2})_{H_1} = \mathbb{Q}(\sqrt{2})$$

이므로

$$E_{H_2} \subset E_{H_1}$$

임을 알 수 있다.

예제 체 $F = \mathbb{Q}$의 확대체 $E = \mathbb{Q}(\sqrt{2}, \sqrt{5})$에 대하여

$$S = \{K \mid K\text{는 } E\text{의 부분체이고 } F\text{의 확대체이다}\}$$
$$= \{\mathbb{Q}, \mathbb{Q}(\sqrt{2}), \mathbb{Q}(\sqrt{5}), \mathbb{Q}(\sqrt{2}, \sqrt{5})\}$$

이고 부분체 $K_1, K_2 \in S$를

$$K_1 = \mathbb{Q}, \qquad K_2 = \mathbb{Q}(\sqrt{5})$$

으로 놓으면 $K_1 \subset K_2$이다. 또한

$$G(E/K_2) = G(\mathbb{Q}(\sqrt{2}, \sqrt{5})/\mathbb{Q}(\sqrt{5})) \subset G(\mathbb{Q}(\sqrt{2}, \sqrt{5})/\mathbb{Q}) = G(E/K_1)$$

이다.

한편, 자기동형사상 $f : \mathbb{Q}(\sqrt{2}, \sqrt{5}) \to \mathbb{Q}(\sqrt{2}, \sqrt{5})$

$$f(a + b\sqrt{2} + c\sqrt{5} + d\sqrt{2}\sqrt{5}) = a - b\sqrt{2} + c\sqrt{5} - d\sqrt{2}\sqrt{5}, \qquad a, b, c, d \in \mathbb{Q}$$

에 대하여

$$H_1 = \{1_{\mathbb{Q}(\sqrt{2}, \sqrt{5})}\}, \qquad H_2 = \{1_{\mathbb{Q}(\sqrt{2}, \sqrt{5})}, f\}$$

으로 놓으면 H_1과 H_2는 $G(\mathbb{Q}(\sqrt{2}, \sqrt{5})/\mathbb{Q})$의 부분군이고 $H_1 \subset H_2$이다.

또한

$$E_{H_1} = \mathbb{Q}(\sqrt{2}, \sqrt{5}), \qquad E_{H_2} = \mathbb{Q}(\sqrt{5})$$

이므로

$$E_{H_2} \subset E_{H_1}$$

임을 알 수 있다.

정리

체 F에 대하여 $F \subset E \subset \overline{F}$인 체 E가 F 위에서 분해체이면

$$|G(E/F)| = \{E : F\}$$

증명 만일 $f \in G(E/F)$이라면 $f : E \to E$는 동형사상이고 모든 원소 $a \in F$에 대하여 $f(a) = a$이다. 따라서 f는 E의 대수적확대체 E에서 $\overline{F}$의 적당한 부분체 E로의 동형사상이고 모든 원소 $a \in F$에 대하여 $f(a) = a$이다. 그러므로

$$|G(E/F)| \leq \{E : F\}$$

이다. 한편, $\overline{F}$의 적당한 부분체 K가 존재하여 $g : E \to K$가 모든 원소 $a \in F$에 대

하여 $g(a)=a$인 동형사상이라고 가정하자. 그러면 $\overline{F}$는 E의 대수적확대체이므로 $\overline{K}$의 적당한 부분체 L과 동형사상 $h:\overline{F}\to L$가 존재하여 모든 원소 $b\in E$에 대하여 $h(b)=g(b)$이다. 따라서 $h^{-1}:L\to\overline{F}$는 동형사상이고 $\overline{F}$는 L의 대수적확대체이므로 $\overline{F}\subset S\subset\overline{F}$인 $\overline{F}$의 적당한 부분체 S와 동형사상 $\phi:\overline{F}\to S$가 존재하여 모든 원소 $c\in L$에 대하여 $\phi(c)=h^{-1}(c)$이다. 즉, $S=\overline{F}$이므로 동형사상 $\phi:\overline{F}\to\overline{F}$가 존재하여 모든 원소 $a\in F$에 대하여

$$\phi(a)=h^{-1}(a)=a$$

이다. 그런데 체 E가 F 위에서 분해체이므로 동형사상 $\phi:\overline{F}\to\overline{F}$는 다음 조건을 만족시킨다.

$$\text{“}\phi(E)=E\text{”}$$

그러므로 $\phi\in G(E/F)$이다. 따라서

$$\{E:F\}\leq|G(E/F)|$$

이므로 결론적으로 $|G(E/F)|=\{E:F\}$가 성립한다. ◪

예제 체 $F=\mathbb{Q}$와 $E=\mathbb{Q}(\sqrt{2})$에 대하여 $F\subset E\subset\overline{F}$이고 E는 F 위에서 분해체이다.

한편 $f:E\to E$를 임의의 원소 $a+b\sqrt{2}\in E$에 대하여

$$f(a+b\sqrt{2})=a-b\sqrt{2}$$

으로 정의하면

$$G(E/F)=G(\mathbb{Q}(\sqrt{2})/\mathbb{Q})=\{1_{\mathbb{Q}(\sqrt{2})},f\}$$

이므로 $|G(E/F)|=2$이다.

그런데 $\{E:F\}=2$이므로

$$|G(E/F)|=\{E:F\}$$

을 만족시킨다.

예제 체 $F=\mathbb{Q}(\sqrt{5})$와 $E=\mathbb{Q}(\sqrt{2},\sqrt{5})$에 대하여 $F\subset E\subset\overline{F}$이고 E는 F

위에서 분해체이다.

한편 $f : E \to E$를 임의의 원소 $a+b\sqrt{2}+c\sqrt{5}+d\sqrt{2}\sqrt{5} \in E$에 대하여

$$f(a+b\sqrt{2}+c\sqrt{5}+d\sqrt{2}\sqrt{5}) = a-b\sqrt{2}+c\sqrt{5}-d\sqrt{2}\sqrt{5}$$

으로 정의하면

$$G(E/F) = G(\mathbb{Q}(\sqrt{2}, \sqrt{5})/\mathbb{Q}(\sqrt{5})) = \{1_{\mathbb{Q}(\sqrt{2}, \sqrt{5})}, f\}$$

이므로 $|G(E/F)| = 2$이다.

그런데 $\{E : F\} = 2$이므로

$$|G(E/F)| = \{E : F\}$$

를 만족시킨다.

정리

체 F에 대하여 $F \subset E \subset K$인 체 E와 K가 모두 F의 유한확대체이고 체 E가 F 위에서 분해체이고 체 K가 E 위에서 분해체이면

$$|G(K/F)| = |G(K/E)||G(E/F)|$$

증명 체 E가 F위에서 분해체이고 체 K가 E 위에서 분해체이므로

$$|G(E/F)| = \{E : F\}, \qquad |G(K/E)| = \{K : E\}$$

이다. 또한 체 K는 F 위에서 분해체이므로

$$|G(K/F)| = \{K : F\}$$

이다. 또한 체 E와 K가 모두 F의 유한확대체이므로

$$\{K : F\} = \{K : E\}\{E : F\}$$

이다. 따라서

$$|G(K/F)| = |G(K/E)||G(E/F)|$$

가 성립한다. ◪

예제 체 $F=\mathbb{Q}$, $E=\mathbb{Q}(\sqrt{5})$, $K=\mathbb{Q}(\sqrt{2},\sqrt{5})$에 대하여 E와 K는 모두 F의 유한확대체이고 체 E는 F 위에서 분해체이고 체 K는 E 위에서 분해체이다. 그러므로 관계식

$$|G(K/F)|=|G(K/E)||G(E/F)|$$

이 성립한다.

구체적으로 $f:E\to E$를 임의의 원소 $a+b\sqrt{5}\in E$에 대하여

$$f(a+b\sqrt{5})=a-b\sqrt{5}$$

로 정의하면

$$G(E/F)=G(\mathbb{Q}(\sqrt{5})/\mathbb{Q})=\{1_{\mathbb{Q}(\sqrt{5})},f\}$$

이다. 또한 $g:K\to K$를 임의의 원소 $a+b\sqrt{2}+c\sqrt{5}+d\sqrt{2}\sqrt{5}\in K$에 대하여

$$g(a+b\sqrt{2}+c\sqrt{5}+d\sqrt{2}\sqrt{5})=a-b\sqrt{2}+c\sqrt{5}-d\sqrt{2}\sqrt{5}$$

로 정의하면

$$G(K/E)=G(\mathbb{Q}(\sqrt{2},\sqrt{5})/\mathbb{Q}(\sqrt{5}))=\{1_{\mathbb{Q}(\sqrt{2},\sqrt{5})},g\}$$

이다.

또한 $h_1:K\to K$와 $h_2:K\to K$를 임의의 원소 $a+b\sqrt{2}+c\sqrt{5}+d\sqrt{2}\sqrt{5}\in K$에 대하여

$$h_1(a+b\sqrt{2}+c\sqrt{5}+d\sqrt{2}\sqrt{5})=a-b\sqrt{2}+c\sqrt{5}-d\sqrt{2}\sqrt{5}$$
$$h_2(a+b\sqrt{2}+c\sqrt{5}+d\sqrt{2}\sqrt{5})=a+b\sqrt{2}-c\sqrt{5}-d\sqrt{2}\sqrt{5}$$

로 정의하면

$$G(K/F)=G(\mathbb{Q}(\sqrt{2},\sqrt{5})/\mathbb{Q})=\{1_{\mathbb{Q}(\sqrt{2},\sqrt{5})},h_1,h_2,h_1h_2\}$$

이다. 따라서

$$|G(K/E)|=2,\qquad |G(E/F)|=2,\qquad |G(K/F)|=4$$

이므로 다음 관계가 성립한다.

$$|G(K/F)|=|G(K/E)||G(E/F)|$$

정리

체 E가 체 F의 유한확대체이고 F위에서 분리확대체이고 분해체이면 집합

$$S = \{K \mid K\text{는 } E\text{의 부분체이고 } F\text{의 확대체이다}\}$$
$$T = \{H \mid H\text{는 } G(E/F)\text{의 부분군이다}\}$$

에 대하여 함수 $\phi : S \to T$와 함수 $\psi : T \to S$를

$$\phi(K) = G(E/K), \qquad K \in S$$
$$\psi(H) = E_H, \qquad H \in T$$

로 정의하면 다음 성질을 만족시킨다.

(1) 임의의 원소 $K \in S$에 대하여 $K = (\psi\phi)(K)$이다. 즉,

$$K = E_{G(E/K)}$$

이다. 또한 $\phi : S \to T$는 일대일사상이다.

(2) 임의의 원소 $H \in T$에 대하여 $H = (\phi\psi)(H)$이다. 즉,

$$H = G(E/E_H)$$

증명 (1) E의 임의의 부분체 $K \in S$에 대하여

$$(\psi\phi)(K) = \psi(G(E/K)) = E_{G(E/K)}$$

이다. 임의의 원소 $a \in K$에 대하여

$$f(a) = a, \qquad f \in G(E/K)$$

이다. 따라서 $a \in E_{G(E/K)}$이다. 그러므로 포함관계

$$K \subset E_{G(E/K)}$$

이 성립한다.

이제 포함관계 $E_{G(E/K)} \subset K$를 증명하기 위하여 원소 $b \in E - K$를 택하자. 가정에 의하여 체 E가 F의 유한확대체이고 F 위에서 분리확대체이고 분해체이므로 체 E는 K의 유한확대체이고 K 위에서 분리확대체이고 분해체이다. 따라서 기약다항식 $irr(b, K)$의 차수는 1보다 크고 $b \neq c$인 $irr(b, K)$의 근 $c \in E$가 존

재한다.

그러므로 항등사상 $g: K \to K$로부터

$$\phi(d) = g(d) = d, \quad (d \in K) \qquad \phi(b) = c$$

인 동형사상 $\phi: E \to E$가 존재한다. 즉, $b \notin E_{G(E/K)}$이다. 따라서

$$E_{G(E/K)} \subset K$$

이므로 결과적으로 관계식

$$K = E_{G(E/K)}$$

이 성립한다.

이제 $\phi: S \to T$가 일대일사상임을 보이자.

원소 $K_1, K_2 \in S$에 대하여 $\phi(K_1) = \phi(K_2)$라고 가정하면 $G(E/K_1) = G(E/K_2)$이다. 따라서

$$E_{G(E/K_1)} = E_{G(E/K_2)}$$

이다. 그런데

$$E_{G(E/K_1)} = K_1, \qquad E_{G(E/K_2)} = K_2$$

이므로 $K_1 = K_2$이다. 즉, ϕ는 일대일사상이다.

(2) $G(E/F)$의 임의의 부분군 $H \in T$에 대하여

$$(\phi\psi)(H) = \phi(E_H) = G(E/E_H)$$

이다. 만일 H에 속하는 임의의 자기동형사상 g를 택하면

$$g(b) = b, \qquad b \in E_H$$

이다. 따라서 $g \in G(E/E_H)$이다. 그러므로 포함관계

$$H \subset G(E/E_H)$$

이 성립한다.

이제 $H \subsetneq G(E/E_H)$이라고 가정하자.

체 E가 체 F의 유한확대체이고 체 F위에서 분리확대체이고 분해체이므로 체 E는 체 E_H의 유한확대체이고 E_H위에서 분리확대체이고 분해체이다.

따라서 적당한 원소 $c \in E$가 존재하여

$$E = E_H(c)$$

이다. 또한

$$[E : E_H] = \{E : E_H\} = |G(E/E_H)|$$

이다. 이제

$$H = \{f_1, f_2, \cdots, f_m\}$$

으로 놓고

$$f(x) = (x - f_1(c))(x - f_2(c)) \cdots (x - f_m(c))$$

이라고 놓자. 그러면 H가 $G(E/F)$의 부분군이므로

$$f_i(c) \in E, \quad i = 1, 2, \cdots, m$$

이다. 그런데 $E = E_H(c)$이므로

$$f_i(c) \in E_H(c), \quad i = 1, 2, \cdots, m$$

이다. 따라서 $f(x)$에서 x의 계수는 E_H에 속한다.
또한 적당한 j에 대하여 f_j는 항등사상이므로

$$f(c) = (c - f_1(c))(c - f_2(c)) \cdots (c - f_m(c)) = 0$$

이다. 따라서 $irr(c, E_H)$의 차수를 t라고 놓으면 $t \leq m$이다.
그런데 $H \subsetneq G(E/E_H)$이라고 가정하고

$$|H| = m, \quad |G(E/E_H)| = [E : E_H]$$

이므로

$$t \leq m < [E : E_H] = [E_H(c) : E_H]$$

이다. 이는 모순이므로 결론적으로

$$H = G(E/E_H)$$

이 성립한다. ◪

예제 체 $F=\mathbb{Q}$의 확대체 $E=\mathbb{Q}(\sqrt{2})$에 대하여

$$K=\mathbb{Q}(\sqrt{2})$$

으로 놓으면

$$G(E/K)=G(\mathbb{Q}(\sqrt{2})/\mathbb{Q}(\sqrt{2}))=\{1_{\mathbb{Q}(\sqrt{2})}\}$$

이다. 따라서

$$E_{G(E/K)}=E$$

이므로

$$K=E=E_{G(E/K)}=\psi(G(E/K))=(\psi\phi)(K)$$

가 성립한다.

또한 자기동형사상

$$f\in G(\mathbb{Q}(\sqrt{2})/\mathbb{Q}), \qquad f(a+b\sqrt{2})=a-b\sqrt{2}$$

에 대하여

$$H=\{1_{\mathbb{Q}(\sqrt{2})}, f\}$$

으로 놓으면

$$E_H=F$$

이므로

$$H=G(E/F)=G(E/E_H)=\phi(E_H)=(\phi\psi)(H)$$

가 성립한다.

예제 체 $F=\mathbb{Q}$의 확대체 $E=\mathbb{Q}(\sqrt{2},\sqrt{5})$에 대하여

$$K=\mathbb{Q}(\sqrt{5})$$

으로 놓으면 자기동형사상 $f:\mathbb{Q}(\sqrt{2},\sqrt{5})\to\mathbb{Q}(\sqrt{2},\sqrt{5})$

$$f(a+b\sqrt{2}+c\sqrt{5}+d\sqrt{2}\sqrt{5})=a-b\sqrt{2}+c\sqrt{5}-d\sqrt{2}\sqrt{5}$$

에 대하여

$$G(E/K) = G(\mathbb{Q}(\sqrt{2}, \sqrt{5})/\mathbb{Q}(\sqrt{5})) = \{1_{\mathbb{Q}(\sqrt{2})}, f\}$$

이다. 따라서

$$E_{G(E/K)} = K$$

이므로

$$K = E_{G(E/K)} = \psi(G(E/K)) = (\psi\phi)(K)$$

이 성립한다. 또한

$$H = \{1_{\mathbb{Q}(\sqrt{2})}\}$$

으로 놓으면

$$E_H = E$$

이므로

$$H = G(E/E) = G(E/E_H) = \phi(E_H) = (\phi\psi)(H)$$

가 성립한다.

정의

체 E가 체 F의 확대체일 때

$$E_{G(E/F)} = F$$

가 성립하면 E를 F의 **갈로아 확대체(Galois extension field)**라고 한다.

예제 체 $F = \mathbb{Q}$와 $E = \mathbb{Q}(\sqrt{2})$에 대하여 $f: E \to E$를

$$f(a + b\sqrt{2}) = a - b\sqrt{2}$$

로 정의하면

$$G(E/F) = G(\mathbb{Q}(\sqrt{2})/\mathbb{Q}) = \{1_{\mathbb{Q}(\sqrt{2})}, f\}$$

이다. 따라서

$$E_{G(E/F)} = F$$

이므로 $E = \mathbb{Q}(\sqrt{2})$는 $F = \mathbb{Q}$의 갈로아 확대체이다.

예제 체 $F = \mathbb{Q}(\sqrt{5})$와 $E = \mathbb{Q}(\sqrt{2}, \sqrt{5})$에 대하여 $f : E \to E$를

$$f(a + b\sqrt{2} + c\sqrt{5} + d\sqrt{2}\sqrt{5}) = a - b\sqrt{2} + c\sqrt{5} - d\sqrt{2}\sqrt{5}$$

로 정의하면

$$G(E/F) = G(\mathbb{Q}(\sqrt{2}, \sqrt{5})/\mathbb{Q}(\sqrt{5})) = \{1_{\mathbb{Q}(\sqrt{2}, \sqrt{5})}, f\}$$

이다. 따라서

$$E_{G(E/F)} = F$$

이므로 $E = \mathbb{Q}(\sqrt{2}, \sqrt{5})$는 $F = \mathbb{Q}(\sqrt{5})$의 갈로아 확대체이다.

연습문제

1. 체 $\mathbb{Q}$ 위에서 $\mathbb{Q}(\sqrt{3})$의 갈로아 군 $G(\mathbb{Q}(\sqrt{3})/\mathbb{Q})$는 군 $\mathbb{Z}_2$와 동형인지 판정하고 이를 증명하시오.

2. 체 $\mathbb{Q}$ 위에서 $\mathbb{Q}(\sqrt[3]{2})$의 갈로아 군 $G(\mathbb{Q}(\sqrt[3]{2})/\mathbb{Q})$는 군 $\mathbb{Z}_3$와 동형인지 판정하고 이를 증명하시오.

3. 체 $\mathbb{Q}$ 위에서 $\mathbb{Q}(\sqrt{3}, \sqrt{7})$의 갈로아 군 $G(\mathbb{Q}(\sqrt{3}, \sqrt{7})/\mathbb{Q})$와 군 $\mathbb{Z}_2 \times \mathbb{Z}_2$가 동형인지 판정하고 이를 증명하시오.

4. 체 $F = \mathbb{Q}$의 확대체 $E = \mathbb{Q}(\sqrt{23})$에 대하여 다음 명제의 참 또는 거짓을 판정하고 이를 증명하시오.
   (1) $K_1 = \mathbb{Q}$과 $K_2 = \mathbb{Q}(\sqrt{23})$에 대하여 $G(E/K_2) \subset G(E/K_1)$이다.
   (2) 자기동형사상 $f \in G(\mathbb{Q}(\sqrt{23})/\mathbb{Q})$, $f(a + b\sqrt{23}) = a - b\sqrt{23}$에 대하여
   $$H_1 = \{1_{\mathbb{Q}(\sqrt{23})}\}, \qquad H_2 = \{1_{\mathbb{Q}(\sqrt{23})}, f\}$$
   으로 놓으면 $E_{H_2} \subset E_{H_1}$이다.

5. 체 $F = \mathbb{Q}$의 확대체 $E = \mathbb{Q}(\sqrt{3}, \sqrt{7})$에 대하여 다음 명제의 참 또는 거짓을 판정하고 이를 증명하시오.
   (1) E의 부분체 $K_1 = \mathbb{Q}$, $K_2 = \mathbb{Q}(\sqrt{7})$에 대하여 $G(E/K_2) \subset G(E/K_1)$이다.
   (2) 자기동형사상 $f : \mathbb{Q}(\sqrt{3}, \sqrt{7}) \to \mathbb{Q}(\sqrt{3}, \sqrt{7})$
   $$f(a + b\sqrt{3} + c\sqrt{7} + d\sqrt{3}\sqrt{7}) = a - b\sqrt{3} + c\sqrt{7} - d\sqrt{3}\sqrt{7}$$
   에 대하여 $H_1 = \{1_{\mathbb{Q}(\sqrt{3}, \sqrt{7})}\}$, $H_2 = \{1_{\mathbb{Q}(\sqrt{3}, \sqrt{7})}, f\}$으로 놓으면 $E_{H_2} \subset E_{H_1}$이다.

※ (6 - 7) 체 F의 확대체 E와 집합

$$S = \{K \mid K\text{는 } E\text{의 부분체이고 } F\text{의 확대체이다}\}$$
$$T = \{H \mid H\text{는 } G(E/F)\text{의 부분군이다}\}$$

에 대하여 함수 $\phi : S \to T$와 함수 $\psi : T \to S$를

$$\phi(K) = G(E/K), \qquad K \in S$$
$$\psi(H) = E_H, \qquad H \in T$$

로 정의하자.

다음 물음에 답하시오.

6. 체 $F = \mathbb{Q}$의 확대체 $E = \mathbb{Q}(\sqrt{7})$에 대하여 다음 명제의 참 또는 거짓을 판정하고 이를 증명하시오.

(1) $K = \mathbb{Q}(\sqrt{7})$이면 $K = (\psi\phi)(K)$이다.

(2) 자기동형사상 $f \in G(E/F)$, $f(a + b\sqrt{7}) = a - b\sqrt{7}$에 대하여 $H = \{1_E, f\}$으로 놓으면 $H = (\phi\psi)(H)$이다.

7. 체 $F = \mathbb{Q}$의 확대체 $E = \mathbb{Q}(\sqrt{3}, \sqrt{7})$에 대하여 다음 명제의 참 또는 거짓을 판정하고 이를 증명하시오.

(1) $K = \mathbb{Q}(\sqrt{7})$이면 $K = (\psi\phi)(K)$이다.

(2) $H = \{1_{\mathbb{Q}(\sqrt{3})}\}$으로 놓으면 $H = (\phi\psi)(H)$이다.

8. 체 $E = \mathbb{Q}(\sqrt{11})$가 체 $F = \mathbb{Q}$의 갈로아 확대체인지 판정하고 이를 증명하시오.

9. 체 $E = \mathbb{Q}(\sqrt{3}, \sqrt{7})$가 체 $F = \mathbb{Q}$의 갈로아 확대체인지 판정하고 이를 증명하시오.

10. 체 F의 유한확대체 K가 F 위에서 분리확대체이고 분해체일 때 포함관계 $F \subset E \subset K$를 만족시키는 체 E와 다음과 같이 정의된 사상

$$\phi : G(K/F) \rightarrow G(E/F), \qquad \phi(f) = f|_E, \qquad f \in G(K/F)$$

에 대하여 다음 성질이 성립하는지 판정하고 이를 증명하시오.

(1) ϕ는 준동형사상이다.

(2) $\ker\phi = G(K/E)$

(3) $\phi\,(G(K/F)) = G(E/F)$

연습문제 풀이

제1장 체(Fields)

1. 다항식환 $\mathbb{R}[x]$가 다항식의 덧셈연산과 곱셈연산에 대하여 체가 되는지 판정하고 이를 증명하시오.

풀이 $\mathbb{R}[x]$는 체가 아니다.

증명 다항식환 $\mathbb{R}[x]$가 체라고 가정하자. 그러면 원소 $x \neq 0 \in \mathbb{R}[x]$의 곱셈에 대한 역원이 존재하므로 적당한 다항식 $g(x) \in \mathbb{R}[x]$가 존재하여 $xg(x)=1$을 만족시킨다.
그러므로 $\deg(xg(x)) = \deg(1)$이다.
그런데 $\deg(xg(x)) \geq 1$이고 $\deg(1)=0$이므로 모순이다. 따라서 $xg(x)=1$을 만족시키는 다항식 $g(x) \in \mathbb{R}[x]$는 존재하지 않으므로 $\mathbb{R}[x]$는 체가 아니다.

2. 체 $\mathbb{Q}$과 $\mathbb{R}$에 대하여 집합 $\mathbb{Q} \times \mathbb{R}$은 체가 되는지 판정하고 이를 증명하시오.

풀이 $\mathbb{Q} \times \mathbb{R}$는 체가 아니다.

증명 집합 $\mathbb{Q} \times \mathbb{R}$이 체라고 가정하자.
그러면 원소 $(1,0) \neq (0,0) \in \mathbb{Q} \times \mathbb{R}$의 곱셈에 대한 역원이 존재하므로 적당한 원소 $(a,b) \in \mathbb{Q} \times \mathbb{R}$가 존재하여 $(a,b)(1,0)=(1,1)$이다. 따라서 $(a,0)=(1,1)$이므로 $a=0$이고 $0=1$이다. 그런데 이는 모순이므로 원소 $(1,0)$의 곱셈에 대한 역원은 존재하지 않는다. 그러므로 $\mathbb{Q} \times \mathbb{R}$은 체가 아니다.

3. 집합 $A=\{f \mid f:\mathbb{R} \to \mathbb{R}$ 는 상수함수이다$\}$는 다음에 주어진 함수의 덧셈연산과 곱셈연산에 대하여 체가 되는지 판정하고 이를 증명하시오.

$$(f+g)(a)=f(a)+g(a)$$
$$(fg)(a)=f(a)g(a) \qquad (f,g \in A,\ \ a \in \mathbb{R})$$

풀이 집합 A는 체이다.

증명 집합 A는 체임을 다음과 같이 증명할 수 있다.
(1) (덧셈에 대한 결합법칙) 모든 원소 $f,g,h \in A$에 대하여

$$f+(g+h)=(f+g)+h$$

(2) (덧셈에 대한 항등원의 존재) 함수 $g:\mathbb{R}\to\mathbb{R}$를

$$g(a)=0,\quad a\in\mathbb{R}$$

으로 정의하면 $g\in A$이고 모든 원소 $f\in A$에 대하여

$$f+g=f=g+f$$

이다. 따라서 덧셈연산에 대한 항등원 g가 존재한다.

(3) (덧셈에 대한 역원의 존재) 원소 $f\in A$에 대하여 함수 $g:\mathbb{R}\to\mathbb{R}$를

$$g(a)=-f(a),\quad a\in\mathbb{R}$$

으로 정의하면 $g\in A$이다. 따라서

$$h(a)=0,\quad a\in\mathbb{R}$$

으로 정의되는 원소 $h\in A$에 대하여

$$f+g=h=g+f$$

이므로 f의 덧셈연산에 대한 역원 g가 존재한다.

(4) (덧셈에 대한 교환법칙) 모든 원소 $f,g\in A$에 대하여

$$f+g=g+f$$

(5) (곱셈에 대한 결합법칙) 모든 원소 $f,g,h\in A$에 대하여

$$f(gh)=(fg)h$$

(6) (배분법칙) 모든 원소 $f,g,h\in A$에 대하여

$$f(g+h)=fg+fh,\qquad (f+g)h=fh+gh$$

(7) (곱셈에 대한 항등원의 존재) 함수 $g:\mathbb{R}\to\mathbb{R}$를

$$g(a)=1,\quad a\in\mathbb{R}$$

으로 정의하면 $g\in A$이고 모든 원소 $f\in A$에 대하여

$$fg=f=gf$$

이므로 곱셈연산에 대한 항등원 g가 존재한다.

(8) (곱셈에 대한 역원의 존재) 영함수가 아닌 원소 $f\in A$를 택하면 적당한 상수

$c \neq 0 \in \mathbb{R}$ 가 존재하여

$$f(a) = c, \quad a \in \mathbb{R}$$

이다. 만일 함수 $g : \mathbb{R} \to \mathbb{R}$ 를

$$g(a) = \frac{1}{f(a)} = \frac{1}{c}, \quad a \in \mathbb{R}$$

로 정의하면 $g \in A$ 이고

$$h(a) = 1, \quad a \in \mathbb{R}$$

으로 정의된 함수 $h : \mathbb{R} \to \mathbb{R}$ 에 대하여

$$fg = h = gf$$

이므로 f의 곱셈연산에 대한 역원 g가 존재한다.

(9) (곱셈에 대한 교환법칙) 모든 원소 $f, g \in A$ 에 대하여

$$fg = gf$$

4. 집합 $A = \{f \mid f : \mathbb{R} \to \mathbb{R}$ 는 연속함수이다$\}$는 다음에 주어진 함수의 덧셈연산과 곱셈연산에 대하여 체가 되는지 판정하고 이를 증명하시오.

$$(f+g)(a) = f(a) + g(a)$$
$$(fg)(a) = f(a)g(a) \qquad (f, g \in A, \quad a \in \mathbb{R})$$

풀이 A는 체가 아니다.

증명 집합 A를 체라고 가정하자.
함수 $f : \mathbb{R} \to \mathbb{R}$ 를 $f(x) = x$로 정의하면 $f \in A$이고 f는 영사상이 아니므로 곱셈에 대한 역원 $g \in A$가 존재한다.
한편

$$h(x) = 1, \quad x \in \mathbb{R}$$

으로 정의된 함수 $h : \mathbb{R} \to \mathbb{R}$ 는 곱셈연산에 대하여 항등원이므로 $fg = h$이다.
그런데

$$f(0)g(0) = 0 \neq 1 = h(0)$$

이므로 모순을 얻는다.

따라서 집합 A는 체가 아니다.

제2장 확대체(Extension Fields)

1. 다항식 $p(x)=x^2+11\in\mathbb{R}[x]$에 대하여 $\mathbb{R}$의 확대체에 속하는 적당한 원소 a가 존재하여 $p(a)=0$을 만족시키는 $\mathbb{R}$의 확대체를 구하시오.

풀이 $p(x)$는 $\mathbb{R}$ 위에서 기약다항식이다. 따라서 $\mathbb{R}[x]/\langle p(x)\rangle$는 $\mathbb{R}$의 확대체이다. 그런데

$$\begin{aligned} p(x+\langle p(x)\rangle) &= (x+\langle p(x)\rangle)^2+(11+\langle p(x)\rangle) \\ &= (x^2+11)+\langle p(x)\rangle \\ &= p(x)+\langle p(x)\rangle \\ &= 0+\langle p(x)\rangle \end{aligned}$$

이므로 원소 $a=x+\langle p(x)\rangle\in\mathbb{R}[x]/\langle p(x)\rangle$는 체 $\mathbb{R}$의 확대체 $\mathbb{R}[x]/\langle p(x)\rangle$ 내에서 $p(a)=0+\langle p(x)\rangle$를 만족시킨다.

2. 다항식 $p(x)=2x^3+6x+3\in\mathbb{Q}[x]$에 대하여 $\mathbb{Q}$의 확대체에 속하는 적당한 원소 a가 존재하여 $p(a)=0$을 만족시키는 $\mathbb{Q}$의 확대체를 구하시오.

풀이 소수 $q=3$에 대하여

$$q\mid 3,\quad q\mid 6,\quad q\mid 0,\quad q\nmid 2,\quad q^2\nmid 3$$

이므로 Eisenstein 정리에 의하여 다항식 $p(x)$는 $\mathbb{Q}$ 위에서 기약다항식이다. 따라서 $\mathbb{Q}[x]/\langle p(x)\rangle$는 $\mathbb{Q}$의 확대체이다. 그런데

$$\begin{aligned} p(x+\langle p(x)\rangle) &= 2(x+\langle p(x)\rangle)^3+6(x+\langle p(x)\rangle)+(3+\langle p(x)\rangle) \\ &= (2x^3+6x+3)+\langle p(x)\rangle \\ &= p(x)+\langle p(x)\rangle \\ &= 0+\langle p(x)\rangle \end{aligned}$$

이므로 원소 $a=x+\langle p(x)\rangle$는 체 $\mathbb{Q}$의 확대체 $\mathbb{Q}[x]/\langle p(x)\rangle$ 내에서 $p(a)=0+\langle p(x)\rangle$를 만족시킨다.

3. 환 S과 다항식 $f(x) \in S[x] - S$에 대하여 다음 명제의 참 또는 거짓을 판정하고 이유를 설명하시오.

"$S \subset R$인 환 R이 존재하여 $f(a) = 0$을 만족시키는 원소 $a \in R$가 존재한다."

풀이 거짓.

(반례) $S = \mathbb{Z}_6$로 놓으면 다항식 $f(x) = 2x + 3 \in \mathbb{Z}_6[x]$에 대하여

$$f(0) \neq 0,\ f(1) \neq 0,\ f(2) \neq 0,\ f(3) \neq 0,\ f(4) \neq 0,\ f(5) \neq 0$$

이므로 $f(x)$는 $\mathbb{Z}_6$ 내에서 해가 존재하지 않는다.

이제 S를 부분환으로 갖는 환 R에 대하여 $f(a) = 0$를 만족시키는 원소 $a \in R$가 존재한다고 가정하자.

그러면 $f(a) = 0$이므로 $2a + 3 = 0$이다. 따라서 $3(2a + 3) = 0$이므로 $6a + 9 = 0$이다. 그런데 $char(S) = 6$이므로 $6a + 9 = 3$이고 $3 = 0$을 얻는다.

이는 모순이므로 $S \subset R$인 임의의 환 R에 대하여 $f(a) = 0$를 만족시키는 원소 $a \in R$가 존재하지 않음을 알 수 있다.

제3장 벡터공간(Vector Spaces)

1. 체 $F=\mathbb{R}$ 위에서 정의된 벡터공간 $V=\mathbb{R}^2$의 부분공간 $W=\{(-a, 2a) \mid a \in \mathbb{R}\}$의 기저와 차원 $\dim_F W$을 구하시오.

풀이 기저는 $\mathcal{B}=\{(-1,2)\}$이고 차원은 $\dim_F W=1$이다.

2. 체 $F=\mathbb{R}$ 위에서 정의된 벡터공간 $V=\mathbb{R}^3$의 부분공간 $W=\{(b, a+b, a) \mid a, b \in \mathbb{R}\}$의 기저와 차원 $\dim_F W$을 구하시오.

풀이 기저는 $\mathcal{B}=\{(0,1,1), (1,1,0)\}$이고 차원은 $\dim_F W=2$이다.

3. 집합 $\mathcal{B}=\{v_1, v_2, \cdots, v_n\}$가 체 F 위에서 정의된 벡터공간 V의 기저일 때 스칼라 $a \neq 0 \in F$에 대하여 집합 $a\mathcal{B}=\{av_1, av_2, \cdots, av_n\}$가 V의 기저가 되는지 판정하고 이를 증명하시오.

풀이 $a\mathcal{B}=\{av_1, av_2, \cdots, av_n\}$는 V의 기저이다.

증명 적당한 스칼라 $c_i \in F$, $i=1,2, \cdots, n$에 대하여

$$\sum_{i=1}^{n} c_i(av_i)=O$$

이라고 가정하면 집합 $\mathcal{B}=\{v_1, v_2, \cdots, v_n\}$는 체 F 위에서 정의된 벡터공간 V의 기저이므로

$$c_i a=0, \quad i=1,2, \cdots, n$$

이다. 그런데 $a \neq 0$이므로

$$c_i=0, \quad i=1,2, \cdots, n$$

이다. 따라서 벡터 $av_1, av_2, \cdots, av_n$는 일차독립이다.

그런데 가정에 의하여 $\dim_F V=n$이므로 집합 $a\mathcal{B}=\{av_1, av_2, \cdots, av_n\}$는 V의 기저가 된다.

4. 체 F 위에서 정의된 n차원 벡터공간 V에 속하는 $n-1$개의 벡터들로 이루어진 집합 $\mathcal{B}=\{v_1, v_2, \cdots, v_{n-1}\}$는 V의 기저가 되는지 판정하고 이를 증명하시오.

풀이 $\mathcal{B}=\{v_1, v_2, \cdots, v_{n-1}\}$는 V의 기저가 아니다.

증명 집합 $\mathcal{B}=\{v_1, v_2, \cdots, v_{n-1}\}$가 V의 기저라고 가정하면 $\dim_F V = n-1$이다. 그런데 V는 n차원 벡터공간이므로 이는 모순이다. 따라서 집합 $\mathcal{B}=\{v_1, v_2, \cdots, v_{n-1}\}$는 V의 기저가 될 수 없다.

5. 체 F 위에서 정의된 n차원 벡터공간 V에 속하는 $n+1$개의 벡터들로 이루어진 집합 $\mathcal{B}=\{v_1, v_2, \cdots, v_{n+1}\}$는 V의 기저가 되는지를 판정하고 이를 증명하시오.

풀이 $\mathcal{B}=\{v_1, v_2, \cdots, v_{n+1}\}$는 V의 기저가 아니다.

증명 집합 $\mathcal{B}=\{v_1, v_2, \cdots, v_{n+1}\}$가 V의 기저라고 가정하면 $\dim_F V = n+1$이다. 그런데 V는 n차원 벡터공간이므로 모순을 얻는다. 따라서 집합 $\mathcal{B}=\{v_1, v_2, \cdots, v_{n+1}\}$는 V의 기저가 될 수 없다.

6. 체 F 위에서 정의된 유한차원 벡터공간 V의 부분공간 U, W에 대하여 다음 조건이 모두 성립할 때 $\dim_F(U+W)$를 구하시오.

$$\dim_F U = 25, \quad \dim_F W = 14, \quad \dim_F(U \cap W) = 7$$

풀이 관계식 $\dim_F(U+W) = \dim_F U + \dim_F W - \dim_F(U \cap W)$으로부터

$$\dim_F(U+W) = 25 + 14 - 7 = 32$$

이 성립한다.

따라서 $\dim_F(U+W) = 32$이다.

제4장 분해체(Splitting Fields)

1. 체 F를 $\mathbb{Q}$를 포함하는 $\mathbb{Q}(\sqrt{2}, \sqrt{3})$의 부분체라고 할 때 K를 모두 구하시오.

풀이 $\mathbb{Q}(\sqrt{2}, \sqrt{3}) = \mathbb{Q}(\sqrt{2})(\sqrt{3})$이므로 $\mathbb{Q}(\sqrt{2}, \sqrt{3})$은 $\mathbb{Q}(\sqrt{2})$와 $\sqrt{3}$을 포함하는 $\mathbb{Q}(\sqrt{2})$의 가장 작은 확대체이다. 또한 $\mathbb{Q}(\sqrt{2})$는 $\mathbb{Q}$와 $\sqrt{2}$를 포함하는 $\mathbb{Q}$의 가장 작은 확대체이다. 그러므로

$$K = \mathbb{Q} \quad \text{또는} \quad K = \mathbb{Q}(\sqrt{2}) \quad \text{또는} \quad K = \mathbb{Q}(\sqrt{2}, \sqrt{3})$$

을 얻을 수 있다.

한편 $\mathbb{Q}(\sqrt{2}, \sqrt{3}) = \mathbb{Q}(\sqrt{3})(\sqrt{2})$이므로 $\mathbb{Q}(\sqrt{2}, \sqrt{3})$는 $\mathbb{Q}(\sqrt{3})$과 $\sqrt{2}$을 포함하는 $\mathbb{Q}(\sqrt{3})$의 가장 작은 확대체이다. 또한 $\mathbb{Q}(\sqrt{3})$는 $\mathbb{Q}$와 $\sqrt{3}$를 포함하는 $\mathbb{Q}$의 가장 작은 확대체이다. 따라서

$$K = \mathbb{Q} \quad \text{또는} \quad K = \mathbb{Q}(\sqrt{3}) \quad \text{또는} \quad K = \mathbb{Q}(\sqrt{2}, \sqrt{3})$$

을 얻을 수 있다.

결과적으로 가능한 K는 모두 다음과 같다.

$$K = \mathbb{Q} \ \text{또는} \ K = \mathbb{Q}(\sqrt{2}) \ \text{또는} \ K = \mathbb{Q}(\sqrt{3}) \quad \text{또는} \quad K = \mathbb{Q}(\sqrt{2}, \sqrt{3})$$

2. $\mathbb{Q}$의 확대체 $\mathbb{Q}(\sqrt[5]{2})$에 속한 원소 a를 $\sqrt[5]{2}$를 이용하여 나타내시오.

풀이 다항식 $f(x) = x^5 - 2$는 $\mathbb{Q}$ 위에서 기약다항식이고 $\sqrt[5]{2}$는 $f(x)$의 해이다. 그런데 $f(x)$의 차수는 5이므로 $\mathbb{Q}(\sqrt[5]{2})$에 속한 임의의 원소 a는 적당한 원소 $b_0, b_1, b_2, b_3, b_4 \in \mathbb{Q}$에 대하여

$$a = b_0 + b_1\sqrt[5]{2} + b_2\sqrt[5]{4} + b_3\sqrt[5]{8} + b_4\sqrt[5]{16}$$

으로 나타낼 수 있다.

3. $\mathbb{Q}$의 확대체 $\mathbb{Q}(\sqrt{2}, \sqrt{3})$에 속한 원소 a를 $\sqrt{2}$와 $\sqrt{3}$를 이용하여 나타내시오.

풀이 다항식 $f(x)=x^2-3$는 $\mathbb{Q}(\sqrt{2})$ 위에서 기약다항식이고 $\sqrt{3}$은 $f(x)$의 해이다. 따라서

$$\mathbb{Q}(\sqrt{2})(\sqrt{3}) \cong \mathbb{Q}(\sqrt{2})[x]/\langle f(x)\rangle$$

이다. 한편

$$\mathbb{Q}(\sqrt{2}, \sqrt{3}) = \mathbb{Q}(\sqrt{2})(\sqrt{3})$$

이므로 $\mathbb{Q}(\sqrt{2}, \sqrt{3})$에 속한 원소 a는 적당한 원소 $b_0, b_1 \in \mathbb{Q}(\sqrt{2})$에 대하여

$$a = b_0 + b_1\sqrt{3}$$

으로 나타낼 수 있다.

또한 원소 $b_0, b_1 \in \mathbb{Q}(\sqrt{2})$는 적당한 원소 $c_0, c_1, d_0, d_1 \in \mathbb{Q}$에 대하여

$$b_0 = c_0 + c_1\sqrt{2}, \qquad b_1 = d_0 + d_1\sqrt{2}$$

로 나타낼 수 있다. 그러므로 원소 a는

$$\begin{aligned} a &= b_0 + b_1\sqrt{3} = (c_0 + c_1\sqrt{2}) + (d_0 + d_1\sqrt{2})\sqrt{3} \\ &= c_0 + c_1\sqrt{2} + d_0\sqrt{3} + d_1\sqrt{2}\sqrt{3} \end{aligned}$$

으로 나타낼 수 있다.

4. 체 $\mathbb{Q}$ 위에서 다항식 $f(x)=x^2-11 \in \mathbb{Q}[x]$의 분해체를 구하시오.

풀이 다항식 $f(x)$의 해는 $x=\sqrt{11}$, $x=-\sqrt{11}$이므로 $\mathbb{Q}$ 위에서 $f(x)$의 분해체는

$$\mathbb{Q}(\sqrt{11}, -\sqrt{11})$$

이다. 그런데 $\mathbb{Q}(\sqrt{11}, -\sqrt{11}) = \mathbb{Q}(\sqrt{11})$이므로 결과적으로 $f(x)$의 분해체는 $\mathbb{Q}(\sqrt{11})$이다.

5. 체 $\mathbb{C}$ 위에서 다항식 $f(x)=x^3-1\in\mathbb{C}[x]$의 분해체를 구하시오.

풀이 다항식 $f(x)$의 해는 $x=1,\ x=\dfrac{-1+\sqrt{3}\,i}{2},\ x=\dfrac{-1-\sqrt{3}\,i}{2}$이므로 $\mathbb{C}$ 위에서

$f(x)$의 분해체는 $\mathbb{C}\left(1, \dfrac{-1+\sqrt{3}\,i}{2}, \dfrac{-1-\sqrt{3}\,i}{2}\right)$이다. 그런데

$$x=1,\ x=\frac{-1+\sqrt{3}\,i}{2},\ x=\frac{-1-\sqrt{3}\,i}{2}$$

는 모두 체 $\mathbb{C}$에 속하므로 $\mathbb{C}\left(1, \dfrac{-1+\sqrt{3}\,i}{2}, \dfrac{-1-\sqrt{3}\,i}{2}\right)=\mathbb{C}$이다.

즉, $\mathbb{C}$ 위에서 $f(x)$의 분해체는 $\mathbb{C}$이다.

6. $\mathbb{Q}$의 확대체 $\mathbb{Q}(\sqrt{2})$와 $\mathbb{Q}(\sqrt{-2})$가 동형인 체인지 판정하고 이를 증명하시오.

풀이 $\mathbb{Q}(\sqrt{2})$와 $\mathbb{Q}(\sqrt{-2})$이 서로 동형이라고 가정하자.

그러면 적당한 동형사상 $\phi:\mathbb{Q}(\sqrt{-2})\to\mathbb{Q}(\sqrt{2})$가 존재하고 $\phi(1)=1$이다.

따라서

$$\phi(-2)=-2$$

이다. 그런데

$$\phi(-2)=\phi(\sqrt{-2}\ \sqrt{-2})=\phi(\sqrt{-2})^2$$

이므로

$$\phi(\sqrt{-2})^2=-2$$

이다. 따라서

$$\phi(\sqrt{-2})=\sqrt{2}\,i \quad \text{또는} \quad \phi(\sqrt{-2})=-\sqrt{2}\,i$$

이므로 $\phi(\sqrt{-2})\notin\mathbb{Q}(\sqrt{2})$이다. 그런데 이는 모순이다.

즉, ϕ는 동형사상이 아니므로 $\mathbb{Q}(\sqrt{2})$와 $\mathbb{Q}(\sqrt{-2})$는 서로 동형이 아니다.

제5장 도함수(Derivatives)

1. 체 $\mathbb{Q}(\sqrt{7})$과 다항식 $f(x)=2x^7-3x^5+x^3-3x-2\in\mathbb{Q}(\sqrt{7})[x]$에 대하여 도함수 $f'(x)$를 구하시오.

풀이 $f'(x)=14x^6-15x^4+3x^2-3$

2. 체 $\mathbb{Z}_5$와 다항식 $f(x)=2x^7-3x^5+x^3-3x-2\in\mathbb{Z}_5[x]$에 대하여 도함수 $f'(x)$를 구하시오.

풀이 $f'(x)=4x^6+3x^2-3$

3. 체 $\mathbb{Z}_{11}$과 다항식 $f(x)=2x^7-3x^5+x^3-3x-2\in\mathbb{Z}_{11}[x]$에 대하여 도함수 $f'(x)$를 구하시오.

풀이 $f'(x)=3x^6-4x^4+3x^2-3$

제6장 대수적 확대체(Algebraic Extension Fields)

1. 다음에 주어진 체 F와 체 E에 대하여 원소 $a\in E$가 체 F 위에서 대수적인지 판정하고 이를 증명하시오.

(1) $F=\mathbb{Q}$, $E=\mathbb{Q}$, $a=8$ (2) $F=\mathbb{Q}$, $E=\mathbb{R}$, $a=\sqrt{21}$

(3) $F=\mathbb{R}$, $E=\mathbb{C}$, $a=1+\sqrt{2}$ (4) $F=\mathbb{Q}$, $E=\mathbb{C}$, $a=1+i$

풀이 (1), (2), (3), (4) 모두 원소 $a\in E$는 체 F 위에서 대수적이다.

증명 (1) 원소 $a=8\in E$에 대하여 다항식

$$f(x)=x-8\in F[x]$$

가 존재하여 $f(8)=0$을 만족시킨다. 따라서 $a=8$은 체 F 위에서 대수적이다.

(2) 원소 $a=\sqrt{21}\in E$에 대하여 다항식

$$f(x)=x^2-21\in F[x]$$

가 존재하여 $f(\sqrt{21})=0$을 만족시킨다. 따라서 $a=\sqrt{21}$은 체 F 위에서 대수적이다.

(3) 원소 $a=1+\sqrt{2}\in E$에 대하여 다항식

$$f(x)=x-1-\sqrt{2}\in F[x]$$

가 존재하여 $f(1+\sqrt{2})=0$을 만족시킨다. 따라서 $a=1+\sqrt{2}$는 체 F 위에서 대수적이다.

(4) 원소 $a=1+i\in E$에 대하여 다항식

$$f(x)=x^2-2x+2\in F[x]$$

가 존재하여 $f(1+i)=0$을 만족시킨다. 따라서 $a=1+i$는 체 F 위에서 대수적이다.

2. 체 $\mathbb{R}$ 위에서 원소 $\sqrt{5}\in\mathbb{R}$의 최소다항식을 구하시오.

풀이 다항식 $f(x)=x-\sqrt{5}\in\mathbb{R}[x]$가 존재하여 $f(\sqrt{5})=0$이므로 원소 $\sqrt{5}\in\mathbb{R}$은

$\mathbb{R}$ 위에서 대수적이다. 또한 다음 성질을 만족시킨다.

(1) $f(x)=x-\sqrt{5}$ 의 최고차항의 계수는 1이다.

(2) $f(x)$는 $\mathbb{R}$ 위에서 기약다항식이고 $f(\sqrt{5})=0$이다.

(3) 최고차항의 계수가 1인 기약다항식 $g(x)\in\mathbb{R}[x]$에 대하여 $g(\sqrt{5})=0$이면 $f(x)$의 차수가 1이므로 $\deg f(x)\le\deg g(x)$이다.

결과적으로 (1), (2), (3)에 의하여 다항식 $f(x)=x-\sqrt{5}\in\mathbb{R}[x]$는 체 $\mathbb{R}$ 위에서 원소 $\sqrt{5}$ 의 최소다항식이다.

3. 체 $\mathbb{Q}$ 위에서 원소 $\sqrt{5}\in\mathbb{Q}(\sqrt{5})$의 최소다항식을 구하시오.

풀이 다항식 $f(x)=x^2-5\in\mathbb{Q}[x]$가 존재하여 $f(\sqrt{5})=0$이므로 $\sqrt{5}\in\mathbb{Q}(\sqrt{5})$는 체 $\mathbb{Q}$ 위에서 대수적이다. 또한 다음 성질을 만족시킨다.

(1) $f(x)$의 최고차항의 계수는 1이다.

(2) $f(x)$는 체 $\mathbb{Q}$ 위에서 기약다항식이고 $f(\sqrt{5})=0$이다.

(3) 최고차항의 계수가 1인 기약다항식 $g(x)\in\mathbb{Q}[x]$에 대하여 $g(\sqrt{5})=0$이라면 적당한 다항식 $q(x),r(x)\in\mathbb{Q}[x]$가 존재하여

$$g(x)=f(x)q(x)+r(x)$$

이다. 여기서 $r(x)=0$ 또는 $\deg r(x)<\deg f(x)$이다. 한편

$$g(\sqrt{5})=f(\sqrt{5})q(\sqrt{5})+r(\sqrt{5})$$

이고 $f(\sqrt{5})=0=g(\sqrt{5})$이므로 $r(\sqrt{5})=0$이다.

만일 $r(x)\ne 0$이라면 $\deg r(x)=0$ 또는 $\deg r(x)=1$이다. 그런데 $r(\sqrt{5})=0$이므로 $\deg r(x)\ne 0$이다. 따라서 $\deg r(x)=1$이므로 적당한 유리수 a와 b가 존재하여 $r(x)=ax+b\in\mathbb{Q}[x]$로 나타낼 수 있고 $r(\sqrt{5})=a\sqrt{5}+b=0$이다. 그런데 이는 모순이므로 $r(x)=0$이고 $g(x)=f(x)q(x)$이다. 따라서 $\deg f(x)\le\deg g(x)$이다.

결과적으로 (1), (2), (3)에 의하여 $f(x)=x^2-5\in\mathbb{Q}[x]$는 $\mathbb{Q}$ 위에서 원소 $\sqrt{5}$의 최소다항식이다.

4. 체 $\mathbb{Q}$ 위에서 원소 $-i \in \mathbb{C}$ 의 최소다항식을 구하시오.

풀이 원소 $-i \in \mathbb{C}$ 에 대하여 다항식 $f(x) = x^2 + 1 \in \mathbb{Q}[x]$가 존재하여 $f(i) = 0$이므로 $-i$는 $\mathbb{Q}$ 위에서 대수적이다. 또한 다음 성질을 만족시킨다.

(1) $f(x) = x^2 + 1$의 최고차항의 계수는 1이다.

(2) $f(x) = x^2 + 1$은 체 $\mathbb{Q}$ 위에서 기약다항식이고 $f(-i) = 0$이다.

(3) 최고차항의 계수가 1인 기약다항식 $g(x) \in \mathbb{Q}[x]$에 대하여 $g(-i) = 0$이라면 적당한 다항식 $q(x), r(x) \in \mathbb{Q}[x]$가 존재하여

$$g(x) = f(x)q(x) + r(x)$$

이다. 여기서 $r(x) = 0$ 또는 $\deg r(x) < \deg f(x)$이다. 한편

$$g(-i) = f(-i)q(-i) + r(-i)$$

이고 $f(-i) = 0 = g(-i)$이므로 $r(-i) = 0$이다.

만일 $r(x) \neq 0$이라면 $\deg r(x) = 0$ 또는 $\deg r(x) = 1$이다. 그런데 $r(-i) = 0$이므로 $\deg r(x) \neq 0$이다. 따라서 $\deg r(x) = 1$이고 적당한 유리수 a와 b가 존재하여 $r(x) = ax + b \in \mathbb{Q}[x]$로 나타낼 수 있으므로 $r(-i) = ai + b = 0$이다. 그런데 이는 모순이므로 $r(x) = 0$이고 $g(x) = f(x)q(x)$이다. 따라서 $\deg f(x) \leq \deg g(x)$이다. 결과적으로 (1), (2), (3)에 의하여 다항식 $f(x) = x^2 + 1 \in \mathbb{Q}[x]$는 $\mathbb{Q}$ 위에서 원소 $-i$의 최소다항식이다.

5. 원소 $\sqrt{7}, -\sqrt{7} \in \mathbb{R}$ 이 켤레인지 판정하고 이를 증명하시오.

풀이 원소 $\sqrt{7}$과 $-\sqrt{7}$은 켤레이다.

증명 원소 $\sqrt{7}, -\sqrt{7} \in \mathbb{R}$ 은 다항식 $f(x) = x^2 - 7 \in \mathbb{Q}[x]$에 대하여 $f(\sqrt{7}) = 0$, $f(-\sqrt{7}) = 0$을 만족시키므로 $\sqrt{7}$과 $-\sqrt{7}$은 모두 $\mathbb{Q}$ 위에서 대수적이다.
또한 $\mathbb{Q}$ 위에서 원소 $\sqrt{7}$의 최소다항식은

$$f(x) = x^2 - 7$$

이고 $\mathbb{Q}$ 위에서 원소 $-\sqrt{7}$의 최소다항식은

$$f(x) = x^2 - 7$$

이다. 따라서 $\mathbb{Q}$ 위에서 원소 $\sqrt{7}$과 $-\sqrt{7}$의 최소다항식이 서로 같으므로 원소 $\sqrt{7}$과 $-\sqrt{7}$은 켤레임을 알 수 있다.

6. 원소 $\sqrt{7}, \sqrt{11} \in \mathbb{R}$이 켤레인지 판정하고 이를 증명하시오.

풀이 원소 $\sqrt{7}$과 $\sqrt{11}$은 켤레가 아니다.

증명 원소 $\sqrt{7}, \sqrt{11} \in \mathbb{R}$은 다항식 $f(x) = x^2 - 7 \in \mathbb{Q}[x]$과 $g(x) = x^2 - 11 \in \mathbb{Q}[x]$에 대하여 $f(\sqrt{7}) = 0$, $g(\sqrt{11}) = 0$을 만족시키므로 $\sqrt{7}$과 $\sqrt{11}$은 모두 $\mathbb{Q}$ 위에서 대수적이다.

또한 $\mathbb{Q}$ 위에서 원소 $\sqrt{7}$의 최소다항식은

$$f(x) = x^2 - 7$$

이고 $\mathbb{Q}$ 위에서 원소 $\sqrt{11}$의 최소다항식은

$$g(x) = x^2 - 11$$

이다. 따라서 $\mathbb{Q}$ 위에서 원소 $\sqrt{7}$과 $\sqrt{11}$의 최소다항식이 서로 같지 않으므로 원소 $\sqrt{7}$과 $\sqrt{11}$은 켤레가 아니다.

제7장 유한 확대체(Finite Extension Fields)

1. 체 $\mathbb{Q}$의 확대체 $\mathbb{Q}(\sqrt{7}, \sqrt{11})$에 대하여 $[\mathbb{Q}(\sqrt{7}, \sqrt{11}) : \mathbb{Q}]$를 구하고 $\mathbb{Q}$ 위에서 $\mathbb{Q}(\sqrt{7}, \sqrt{11})$의 기저를 구하시오.

풀이 $\mathscr{B}_1 = \{1, \sqrt{7}\}$는 $\mathbb{Q}$ 위에서 $\mathbb{Q}(\sqrt{7})$의 기저이므로

$$[\mathbb{Q}(\sqrt{7}) : \mathbb{Q}] = 2$$

이다. 또한 $\mathscr{B}_2 = \{1, \sqrt{11}\}$는 $\mathbb{Q}(\sqrt{7})$ 위에서 $\mathbb{Q}(\sqrt{7}, \sqrt{11})$의 기저이므로

$$[\mathbb{Q}(\sqrt{7}, \sqrt{11}) : \mathbb{Q}(\sqrt{7})] = 2$$

이다. 그런데

$$[\mathbb{Q}(\sqrt{7}, \sqrt{11}) : \mathbb{Q}] = [\mathbb{Q}(\sqrt{7}, \sqrt{11}) : \mathbb{Q}(\sqrt{7})][\mathbb{Q}(\sqrt{7}) : \mathbb{Q}]$$

이므로

$$[\mathbb{Q}(\sqrt{7}, \sqrt{11}) : \mathbb{Q}] = 4$$

이다.

그리고 $\mathscr{B} = \{1, \sqrt{7}, \sqrt{11}, \sqrt{77}\}$는 $\mathbb{Q}$ 위에서 $\mathbb{Q}(\sqrt{7}, \sqrt{11})$의 기저이다.

2. 체 $\mathbb{Q}$의 확대체 $\mathbb{Q}(\sqrt{7}, i)$에 대하여 $[\mathbb{Q}(\sqrt{7}, i) : \mathbb{Q}]$를 구하고 $\mathbb{Q}$ 위에서 $\mathbb{Q}(\sqrt{7}, i)$의 기저를 구하시오.

풀이 $\mathscr{B}_1 = \{1, \sqrt{7}\}$는 $\mathbb{Q}$ 위에서 $\mathbb{Q}(\sqrt{7})$의 기저이므로

$$[\mathbb{Q}(\sqrt{7}) : \mathbb{Q}] = 2$$

이다. 또한 $\mathscr{B}_2 = \{1, i\}$는 $\mathbb{Q}(\sqrt{7})$ 위에서 $\mathbb{Q}(\sqrt{7}, i)$의 기저이므로

$$[\mathbb{Q}(\sqrt{7}, i) : \mathbb{Q}(\sqrt{7})] = 2$$

이다. 그런데

$$[\mathbb{Q}(\sqrt{7}, i) : \mathbb{Q}] = [\mathbb{Q}(\sqrt{7}, i) : \mathbb{Q}(\sqrt{7})][\mathbb{Q}(\sqrt{7}) : \mathbb{Q}]$$

이므로

$$[\mathbb{Q}(\sqrt{7},i):\mathbb{Q}]=4$$

이다.

그리고 $\mathscr{B}=\{1,\sqrt{7},i,\sqrt{7}i\}$는 $\mathbb{Q}$ 위에서 $\mathbb{Q}(\sqrt{7},i)$의 기저이다.

3. 체 $\mathbb{Q}$의 확대체 $\mathbb{Q}(\sqrt{3},\sqrt[3]{7})$에 대하여 $[\mathbb{Q}(\sqrt{3},\sqrt[3]{7}):\mathbb{Q}]$를 구하고 $\mathbb{Q}$ 위에서 $\mathbb{Q}(\sqrt{3},\sqrt[3]{7})$의 기저를 구하시오.

풀이 $\mathscr{B}_1=\{1,\sqrt{3}\}$는 $\mathbb{Q}$ 위에서 $\mathbb{Q}(\sqrt{3})$의 기저이므로

$$[\mathbb{Q}(\sqrt{3}):\mathbb{Q}]=2$$

이다. 또한 다항식 $f(x)=x^3-7\in\mathbb{Q}(\sqrt{3})[x]$에 대하여 $f(\sqrt[3]{7})=0$이므로

$$[\mathbb{Q}(\sqrt{3},\sqrt[3]{7}):\mathbb{Q}(\sqrt{3})]\le 3$$

이다. 따라서

$$[\mathbb{Q}(\sqrt{3},\sqrt[3]{7}):\mathbb{Q}]=[\mathbb{Q}(\sqrt{3},\sqrt[3]{7}):\mathbb{Q}(\sqrt{3})][\mathbb{Q}(\sqrt{3}):\mathbb{Q}]\le 6$$

이다. 그런데

$$[\mathbb{Q}(\sqrt{3},\sqrt[3]{7}):\mathbb{Q}]=[\mathbb{Q}(\sqrt{3},\sqrt[3]{7}):\mathbb{Q}(\sqrt[3]{7})][\mathbb{Q}(\sqrt[3]{7}):\mathbb{Q}]$$

이고

$$[\mathbb{Q}(\sqrt[3]{2}):\mathbb{Q}]=3$$

이므로 $[\mathbb{Q}(\sqrt{3},\sqrt[3]{7}):\mathbb{Q}]$는 3의 배수이다.

또한 $[\mathbb{Q}(\sqrt{3}):\mathbb{Q}]=2$이므로 $[\mathbb{Q}(\sqrt{3},\sqrt[3]{7}):\mathbb{Q}]$는 2의 배수이다.

즉, $[\mathbb{Q}(\sqrt{3},\sqrt[3]{7}):\mathbb{Q}]$는 6의 배수이므로 결과적으로

$$[\mathbb{Q}(\sqrt{3},\sqrt[3]{7}):\mathbb{Q}]=6$$

이다.

한편 $\mathscr{B}_1=\{1,\sqrt{3}\}$는 $\mathbb{Q}(\sqrt[3]{7})$ 위에서 $\mathbb{Q}(\sqrt{3},\sqrt[3]{7})$의 기저이고

$\mathscr{B}_2=\{1,\sqrt[3]{7},\sqrt[3]{49}\}$는 $\mathbb{Q}$ 위에서 $\mathbb{Q}(\sqrt[3]{7})$의 기저이므로 $\mathbb{Q}$ 위에서 $\mathbb{Q}(\sqrt{3},\sqrt[3]{7})$

의 기저는 다음과 같다.

$$\mathscr{B} = \{1, \sqrt[3]{7}, \sqrt[3]{49}, \sqrt{3}, \sqrt{3}\sqrt[3]{7}, \sqrt{3}\sqrt[3]{49}\}$$

4. $\mathbb{Q}(\sqrt{3}, \sqrt{7}) = \mathbb{Q}(\sqrt{3} + \sqrt{7})$이 성립하는지 판정하고 이를 증명하시오.

풀이 $\mathbb{Q}(\sqrt{3}, \sqrt{7}) = \mathbb{Q}(\sqrt{3} + \sqrt{7})$이다.

증명 $\sqrt{3}+\sqrt{7}, \sqrt{3}-\sqrt{7} \in \mathbb{Q}(\sqrt{3}+\sqrt{7})$이므로 $\sqrt{3}, \sqrt{7} \in \mathbb{Q}(\sqrt{3}+\sqrt{7})$이다. 그런데 $\mathbb{Q}(\sqrt{3}, \sqrt{7})$은 체 $\mathbb{Q}$에 원소 $\sqrt{3}$과 $\sqrt{7}$을 포함시킨 가장 작은 체이므로

$$\mathbb{Q}(\sqrt{3}, \sqrt{7}) \subset \mathbb{Q}(\sqrt{3}+\sqrt{7})$$

이 성립한다.

한편 $\sqrt{3}+\sqrt{7} \in \mathbb{Q}(\sqrt{3}, \sqrt{7})$이고 $\mathbb{Q}(\sqrt{3}+\sqrt{7})$은 체 $\mathbb{Q}$와 원소 $\sqrt{3}+\sqrt{7}$을 포함하는 가장 작은 체이므로

$$\mathbb{Q}(\sqrt{3}+\sqrt{7}) \subset \mathbb{Q}(\sqrt{3}, \sqrt{7})$$

이다. 따라서

$$\mathbb{Q}(\sqrt{3}, \sqrt{7}) = \mathbb{Q}(\sqrt{3}+\sqrt{7})$$

이 성립한다.

5. 체 $\mathbb{Q}$의 확대체 $\mathbb{Q}(\sqrt{7}+\sqrt{11})$에 대하여 $[\mathbb{Q}(\sqrt{7}+\sqrt{11}) : \mathbb{Q}]$를 구하시오.

풀이 $\sqrt{7}+\sqrt{11}, \sqrt{7}-\sqrt{11} \in \mathbb{Q}(\sqrt{7}+\sqrt{11})$이므로 $\sqrt{7}, \sqrt{11} \in \mathbb{Q}(\sqrt{7}+\sqrt{11})$이다. 그런데 $\mathbb{Q}(\sqrt{7}, \sqrt{11})$는 체 $\mathbb{Q}$에 원소 $\sqrt{7}$와 $\sqrt{11}$를 포함시킨 가장 작은 체이므로

$$\mathbb{Q}(\sqrt{7}, \sqrt{11}) \subset \mathbb{Q}(\sqrt{7}+\sqrt{11})$$

이 성립한다.

한편 $\sqrt{7}+\sqrt{11} \in \mathbb{Q}(\sqrt{7}, \sqrt{11})$이고 $\mathbb{Q}(\sqrt{7}+\sqrt{11})$는 체 $\mathbb{Q}$와 원소 $\sqrt{7}+\sqrt{11}$를 포함하는 가장 작은 체이므로

$$\mathbb{Q}(\sqrt{7}+\sqrt{11}) \subset \mathbb{Q}(\sqrt{7}, \sqrt{11})$$

이다. 따라서

$$\mathbb{Q}(\sqrt{7}, \sqrt{11}) = \mathbb{Q}(\sqrt{7}+\sqrt{11})$$

이다. 한편 $[\mathbb{Q}(\sqrt{7}, \sqrt{11}) : \mathbb{Q}] = 4$이므로

$$[\mathbb{Q}(\sqrt{7}+\sqrt{11}) : \mathbb{Q}] = 4$$

이다.

6. 체 E가 체 F의 확대체일 때 다음 명제의 참 또는 거짓을 판정하고 이를 증명하시오.

"E가 F의 대수적 확대체이면 적당한 자연수 m이 존재하여 $[E:F]=m$이다."

풀이 거짓.

반례 체 $F=\mathbb{Q}$와 $E=\mathbb{Q}(\sqrt{5}, \sqrt[3]{5}, \cdots)$에 대하여 임의의 원소 $a\in E$를 택하면 $a\in\mathbb{Q}(\sqrt{5}, \sqrt[3]{5}, \cdots, \sqrt[n]{5})$인 적당한 자연수 n이 존재한다. 한편

$$L=\mathbb{Q}(\sqrt{5}, \sqrt[3]{5}, \cdots, \sqrt[n]{5})$$

라고 놓으면

$$[L:F] < \infty$$

이다. 따라서 L은 F의 유한확대체이므로 원소 $a\in E$는 체 F 위에서 대수적이다. 그러므로 E는 F의 대수적확대체이다. 또한

$$[F(\sqrt[n]{5}):F] < [E:F]$$

이고

$$[F(\sqrt[n]{5}):F] = n$$

이므로 임의의 자연수 n에 대하여

$$n < [E:F]$$

이다. 따라서

$$[E:F]=\infty$$

이므로 주어진 명제는 거짓인 명제이다.

7. 다음에 주어진 체가 체 $\mathbb{Q}$의 분리확대체인지 판정하고 이를 증명하시오.

(1) $\mathbb{Q}(\sqrt{11})$ (2) $\mathbb{Q}(\sqrt{2}, \sqrt{13})$

풀이 (1) 체 $\mathbb{Q}(\sqrt{11})$은 $\mathbb{Q}$의 분리확대체이다.

증명 체 $\mathbb{Q}(\sqrt{11})$는 $\mathbb{Q}$의 유한확대체이고

$$\{\mathbb{Q}(\sqrt{11}) : \mathbb{Q}\} = 2 = [\mathbb{Q}(\sqrt{11}) : \mathbb{Q}]$$

이다. 따라서 체 $\mathbb{Q}(\sqrt{11})$은 $\mathbb{Q}$의 분리확대체이다.

풀이 (2) 체 $\mathbb{Q}(\sqrt{2}, \sqrt{13})$는 체 $\mathbb{Q}$의 분리확대체이다.

증명 체 $\mathbb{Q}(\sqrt{2}, \sqrt{13})$는 $\mathbb{Q}(\sqrt{13})$의 유한확대체이고 체 $\mathbb{Q}(\sqrt{13})$는 $\mathbb{Q}$의 유한확대체이다. 또한

$$\{\mathbb{Q}(\sqrt{2}, \sqrt{13}) : \mathbb{Q}(\sqrt{13})\} = 2 = [\mathbb{Q}(\sqrt{2}, \sqrt{13}) : \mathbb{Q}(\sqrt{13})],$$
$$\{\mathbb{Q}(\sqrt{13}) : \mathbb{Q}\} = 2 = [\mathbb{Q}(\sqrt{13}) : \mathbb{Q}]$$

이다. 그런데

$$\{\mathbb{Q}(\sqrt{2}, \sqrt{13}) : \mathbb{Q}\} = \{\mathbb{Q}(\sqrt{2}, \sqrt{13}) : \mathbb{Q}(\sqrt{13})\}\{\mathbb{Q}(\sqrt{13}) : \mathbb{Q}\}$$
$$[\mathbb{Q}(\sqrt{2}, \sqrt{13}) : \mathbb{Q}] = [\mathbb{Q}(\sqrt{2}, \sqrt{13}) : \mathbb{Q}(\sqrt{13})][\mathbb{Q}(\sqrt{13}) : \mathbb{Q}]$$

이므로

$$\{\mathbb{Q}(\sqrt{2}, \sqrt{13}) : \mathbb{Q}\} = 4$$
$$[\mathbb{Q}(\sqrt{2}, \sqrt{13}) : \mathbb{Q}] = 4$$

이다. 따라서

$$\{\mathbb{Q}(\sqrt{2}, \sqrt{13}) : \mathbb{Q}\} = [\mathbb{Q}(\sqrt{2}, \sqrt{13}) : \mathbb{Q}]$$

이므로 체 $\mathbb{Q}(\sqrt{2}, \sqrt{13})$는 체 $\mathbb{Q}$의 분리확대체이다.

8. 원소 $\sqrt{11}$은 체 $\mathbb{Q}$ 위에서 분리가능한지 판정하고 이를 증명하시오.

풀이 원소 $\sqrt{11}$는 $\mathbb{Q}$ 위에서 분리가능하다.

증명 체 $\mathbb{Q}(\sqrt{11})$는 $\mathbb{Q}$의 유한확대체이고

$$\{\mathbb{Q}(\sqrt{11}):\mathbb{Q}\}=2=[\mathbb{Q}(\sqrt{11}):\mathbb{Q}]$$

이므로 체 $\mathbb{Q}(\sqrt{11})$는 $\mathbb{Q}$의 분리확대체이다.

따라서 원소 $\sqrt{11}\in\mathbb{Q}(\sqrt{11})$는 $\mathbb{Q}$ 위에서 분리가능하다.

9. 기약다항식 $f(x)=x^2-13\in\mathbb{Q}[x]$는 $\mathbb{Q}$ 위에서 분리가능한지 판정하고 이를 증명하시오.

풀이 $f(x)=x^2-13$은 $\mathbb{Q}$ 위에서 분리가능하다.

증명 다항식 $f(x)=x^2-13\in\mathbb{Q}[x]$는 기약다항식이다.

또한 원소 $\sqrt{13}$과 $-\sqrt{13}$은 $f(x)$의 근이고 체 $\mathbb{Q}(\sqrt{13})$은 $\mathbb{Q}$의 유한확대체이고 $\mathbb{Q}(-\sqrt{13})$은 $\mathbb{Q}$의 유한확대체이다. 또한

$$\{\mathbb{Q}(\sqrt{13}):\mathbb{Q}\}=2=[\mathbb{Q}(\sqrt{13}):\mathbb{Q}],$$
$$\{\mathbb{Q}(-\sqrt{13}):\mathbb{Q}\}=2=[\mathbb{Q}(-\sqrt{13}):\mathbb{Q}]$$

이므로 체 $\mathbb{Q}(\sqrt{13})$와 $\mathbb{Q}(-\sqrt{13})$은 $\mathbb{Q}$의 분리확대체이다.

따라서 $\sqrt{13}$과 $-\sqrt{13}$은 $\mathbb{Q}$ 위에서 분리가능하다.

결과적으로 기약다항식 $f(x)=x^2-13$은 $\mathbb{Q}$ 위에서 분리가능하다.

10. 다음에 주어진 체가 완전체인지 판정하고 이를 증명하시오.

(1) $\mathbb{Z}_{29}$ (2) $\mathbb{Z}_2[x]/\langle x^3+x^2+1\rangle$ (3) $\mathbb{Q}(\sqrt{7},\sqrt{11})$

풀이 (1), (2), (3) 모두 완전체이다.

증명 (1) 체 $\mathbb{Z}_{29}$는 유한체이므로 $\mathbb{Z}_{29}$는 완전체이다.

(2) 체 $\mathbb{Z}_2[x]/\langle x^3+x^2+1\rangle$은 유한체이므로 $\mathbb{Z}_2[x]/\langle x^3+x^2+1\rangle$는 완전체이다.

(3) 체 $\mathbb{Q}(\sqrt{7},\sqrt{11})$의 표수는 0이므로 $\mathbb{Q}(\sqrt{7},\sqrt{11})$는 완전체이다.

제8장 유한체(Finite Fields)

1. $GF(3^{12})$와 $GF(3)$에 대하여 $[GF(3^{17}):GF(3)]$을 구하시오.

풀이 $[GF(3^{17}):GF(3)]=17$이다.

2. $GF(11^{27})$와 $GF(11^{3})$에 대하여 $[GF(11^{27}):GF(11^{3})]$을 구하시오.

풀이 $[GF(11^{27}):GF(11^{3})]=\dfrac{27}{3}=9$이다.

3. 순환군 $GF(5^3)^*$의 생성원의 개수를 구하시오.

풀이 순환군 $GF(5^3)^*$의 생성원을 a라고 놓으면 a의 위수는 124이다.

만일 b가 $GF(5^3)^*$의 생성원이면 적당한 자연수 k가 존재하여 $b=a^k$이고

$$\gcd(k,124)=1$$

이다.

그러므로 $GF(5^3)^*$의 모든 생성원의 개수는 오일러함수 ϕ를 이용하여

$$\phi(124)=\phi(2^2)\phi(31)=(2^2-2)\times 30=60$$

와 같이 구할 수 있다.

4. 다항식 $f(x)=x^2+x+1\in\mathbb{Z}_2[x]$는 기약다항식이고 체 $\mathbb{Z}_2$의 적당한 확대체 F가 존재하여 $f(a)=0$을 만족시키는 원소 $a\in F$가 존재한다. 이때 $f(b)=0$을 만족시키는 원소 $b\in\mathbb{Z}_2(a)$를 구하고 $f(x)$를 일차식의 곱으로 나타내시오.

풀이 다항식 $f(x)=x^2+x+1\in\mathbb{Z}_2[x]$는 기약다항식이므로 $F=\mathbb{Z}_2[x]/\langle f(x)\rangle$는 $\mathbb{Z}_2$의 확대체이다.

또한 $|F^*|=2^2-1=3$이므로 만일 $a\in F$가 $f(a)=0$를 만족시키는 원소라면 a의

위수는 3이므로

$$F^* = \{1, a, a^2\}$$

이다. 그런데

$$f(a) = a^2 + a + 1 = 0$$

이므로

$$a^2 = -a - 1 = a + 1$$

이다. 따라서

$$f(a^2) = a^4 + a^2 + 1 = (a+1)^2 + a^2 + 1 = 2(a^2 + a + 1) = 0$$

이다. 즉, $b = a^2 \in \mathbb{Z}_2(a)$이다.

또한 $f(x)$는 다음과 같이 나타낼 수 있다.

$$f(x) = (x - a)(x - a^2) = (x + a)(x + a^2)$$

5. $GF(7^t)$가 유한체 $GF(7^5)$의 부분체일 때 $GF(7^t)$을 모두 구하시오. 또한 $GF(7^5)^*$의 생성원을 이용하여 $GF(7^t)$을 나타내시오.

풀이 $GF(7^t)$가 체 $GF(7^5)$의 부분체이면 t는 5의 약수이므로

$$t = 1 \quad \text{또는} \quad t = 5$$

이다. 따라서

$$GF(7^t) = GF(7) \quad \text{또는} \quad GF(7^t) = GF(7^5)$$

이다. 또한 $GF(7^5)^*$는 순환군이므로 적당한 원소 $a \in GF(7^5)^*$가 존재하여

$$GF(7^5)^* = \langle a \rangle$$

이다. 그런데 관계식 $p^n - 1 = (p^t - 1)k$에서

$$p = 7, \qquad n = 5$$

이므로 $t = 1$이면 $k = 2801$이고, $t = 5$이면 $k = 1$이다.

따라서 각각의 경우에 $GF(7^t)$을 구하면 다음과 같다.

(i) $t=1$이고 $k=2801$인 경우에는 $GF(7^t)=GF(7)=\langle a^{2801}\rangle\cup\{0\}$이다.

(ii) $t=5$이고 $k=1$인 경우에는 $GF(7^t)=GF(7^5)=\langle a\rangle\cup\{0\}$이다.

6. $GF(2^t)$가 유한체 $GF(2^9)$의 부분체일 때 $GF(2^t)$을 모두 구하시오. 또한 $GF(2^9)^*$의 생성원을 이용하여 $GF(2^t)$을 나타내시오.

풀이 $GF(2^t)$가 체 $GF(2^9)$의 부분체이면 t는 9의 약수이므로

$$t=1 \quad \text{또는} \quad t=3 \quad \text{또는} \quad t=9$$

이다. 따라서

$$GF(2^t)=GF(2) \quad \text{또는} \quad GF(2^t)=GF(2^3) \quad \text{또는} \quad GF(2^t)=GF(2^9)$$

이다. 또한 $GF(2^9)^*$는 순환군이므로 적당한 원소 $a\in GF(2^9)^*$가 존재하여

$$GF(2^9)^*=\langle a\rangle$$

이다. 그런데 관계식 $p^n-1=(p^t-1)k$에서

$$p=2, \qquad n=9$$

이므로 $t=1$이면 $k=511$이고, $t=3$이면 $k=73$이고, $t=9$이면 $k=1$이다.

따라서 각각의 경우에 $GF(2^t)$를 구하면 다음과 같다.

(i) $t=1$이고 $k=511$인 경우에는 $GF(2^t)=GF(2)=\langle a^{511}\rangle\cup\{0\}$이다.

(ii) $t=3$이고 $k=73$인 경우에는 $GF(2^t)=GF(2^3)=\langle a^{73}\rangle\cup\{0\}$이다.

(iii) $t=9$이고 $k=1$인 경우에는 $GF(2^t)=GF(2^9)=\langle a\rangle\cup\{0\}$이다.

7. 소수 p와 자연수 n에 대하여 $GF(p^n)^*=\langle a\rangle$일 때 원소 a가 체 $GF(p)$ 위에서 대수적인지 판정하고 이를 증명하시오.

풀이 원소 a는 체 $GF(p)$ 위에서 대수적이다.

증명 원소 a가 곱셈군 $GF(p^n)^*$의 생성원이므로

$$GF(p)(a)=GF(p^n)$$

이다. 따라서

$$[GF(p)(a):GF(p)]=[GF(p^n):GF(p)]$$

이다. 그런데 $[GF(p^n):GF(p)]=n$이므로

$$[GF(p)(a):GF(p)]=n<\infty$$

이다. 따라서 원소 a는 체 $GF(p)$ 위에서 대수적이다.

8. $\mathbb{Z}_5[x]/\langle x^2+x+1\rangle$과 $\mathbb{Z}_5[x]/\langle x^3+x+1\rangle$이 서로 동형인지 판정하고 이를 증명하시오.

풀이 $\mathbb{Z}_5[x]/\langle x^2+x+1\rangle$와 $\mathbb{Z}_5[x]/\langle x^3+x+1\rangle$은 서로 동형이 아니다.

증명 다항식 $f(x)=x^2+x+1$는 다항식환 $\mathbb{Z}_5[x]$에서 기약다항식이다.
또한 체 $\mathbb{Z}_5[x]/\langle x^2+x+1\rangle$에 속하는 임의의 원소는

$$(ax+b)+\langle x^2+x+1\rangle,\quad a,b\in\mathbb{Z}_5$$

로 나타낼 수 있기 때문에 $\mathbb{Z}_5[x]/\langle x^2+x+1\rangle$은 위수가 5^2인 체이다.
한편, 다항식 $f(x)=x^3+x+1$는 다항식환 $\mathbb{Z}_5[x]$에서 기약다항식이다.
또한 체 $\mathbb{Z}_5[x]/\langle x^3+x+1\rangle$에 속하는 임의의 원소는

$$(ax^2+bx+c)+\langle x^3+x+1\rangle,\quad a,b,c\in\mathbb{Z}_5$$

로 나타낼 수 있기 때문에 $\mathbb{Z}_5[x]/\langle x^3+x+1\rangle$는 위수가 5^3인 체이다.
그러므로 $\mathbb{Z}_5[x]/\langle x^2+x+1\rangle$와 $\mathbb{Z}_5[x]/\langle x^3+x+1\rangle$의 위수는 서로 다르다.
결과적으로 $\mathbb{Z}_5[x]/\langle x^2+x+1\rangle$과 $\mathbb{Z}_5[x]/\langle x^3+x+1\rangle$은 서로 동형이 아니다.

9. $\mathbb{Z}_2[x]/\langle x^5+x+1\rangle$과 $\mathbb{Z}_2[x]/\langle x^5+x^3+x^2+x+1\rangle$이 서로 동형인지 판정하고 이를 증명하시오.

풀이 $\mathbb{Z}_2[x]/\langle x^5+x+1\rangle$와 $\mathbb{Z}_2[x]/\langle x^5+x^3+x^2+x+1\rangle$은 서로 동형이다.

증명 다항식 $f(x)=x^5+x+1$는 다항식환 $\mathbb{Z}_2[x]$에서 기약다항식이다.

또한 $\mathbb{Z}_2[x]/\langle x^5+x+1\rangle$에 속하는 임의의 원소는

$$(ax^4+bx^3+cx^2+dx+e)+\langle x^5+x+1\rangle, \quad a,b,c,d,e\in\mathbb{Z}_2$$

로 나타낼 수 있기 때문에 $\mathbb{Z}_2[x]/\langle x^5+x+1\rangle$는 위수가 2^5인 체이다.

한편, 다항식 $f(x)=x^5+x^3+x^2+x+1$는 다항식환 $\mathbb{Z}_2[x]$에서 기약다항식이다.

또한 $\mathbb{Z}_2[x]/\langle x^5+x^3+x^2+x+1\rangle$에 속하는 임의의 원소는

$$(ax^4+bx^3+cx^2+dx+e)+\langle x^5+x^3+x^2+x+1\rangle, \quad a,b,c,d,e\in\mathbb{Z}_2$$

로 나타낼 수 있기 때문에 $\mathbb{Z}_2[x]/\langle x^5+x^3+x^2+x+1\rangle$은 위수가 2^5인 체이다.

그런데 적당한 소수 p와 자연수 n에 대하여 위수가 p^n인 체는 모두 서로 동형이므로 $\mathbb{Z}_2[x]/\langle x^5+x+1\rangle$과 $\mathbb{Z}_2[x]/\langle x^5+x^3+x^2+x+1\rangle$은 서로 동형이다.

10. 체 H와 체 K는 모두 유한체 $GF(7^{23})$의 부분체이고 적당한 자연수 m에 대하여 $H\cap K=GF(7^m)$이라고 가정할 때 m을 구하시오.

풀이 체 H와 체 K는 모두 유한체 $GF(7^{23})$의 부분체이므로 23의 적당한 약수 s, t가 존재하여

$$H=GF(7^s), \qquad K=GF(7^t)$$

이다. 따라서 다음과 같은 경우를 얻는다.

$$s=1,\ t=1 \quad \text{또는} \quad s=1,\ t=23 \quad \text{또는}$$
$$s=23,\ t=1 \quad \text{또는} \quad s=23,\ t=23$$

이다. 그런데 m은 s와 t의 공약수이므로

$$m=1 \quad \text{또는} \quad m=23$$

이다.

11. 체 F가 체 $\mathbb{Z}_p$의 유한확대체일 때 $F=\mathbb{Z}_p(a)$를 만족시키는 원소 $a\in F$가 존재하는지 판정하고 이를 증명하시오.

풀이 $F = \mathbb{Z}_p(a)$를 만족시키는 원소 $a \in F$가 존재한다.

증명 체 F가 $\mathbb{Z}_p$의 유한확대체이므로 적당한 자연수 n이 존재하여 $[F : \mathbb{Z}_p] = n$이다. 따라서 $|F| = p^n$이고 $F^* = \langle a \rangle$인 적당한 원소 $a \in F$가 존재한다. 그런데 $\mathbb{Z}_p(a)$는 a를 포함하는 체이고 $F = \langle a \rangle \cup \{0\}$이므로 $F \subset \mathbb{Z}_p(a)$이다.

한편 체 F는 $\mathbb{Z}_p$의 유한확대체이고 원소 a를 포함하는 체이다. 그런데 $\mathbb{Z}_p(a)$는 $\mathbb{Z}_p$와 a를 포함하는 가장 작은 체이므로 $\mathbb{Z}_p(a) \subset F$이다.

따라서 결과적으로 $F = \mathbb{Z}_p(a)$이다.

제9장 대수적 작도(Geometric Constructions)

1. 각 $\frac{\pi}{6}$는 작도 가능한지 판정하고 이를 증명하시오.

풀이 각 $\frac{\pi}{6}$는 작도 가능하다.

증명 $\sin\frac{\pi}{6} = \frac{1}{2}$이므로 $\sin\frac{\pi}{6}$는 작도 가능하다. 한편 두 변의 길이가 각각 1과 2인 직각삼각형을 이용하면

$$\sin\frac{\pi}{6}\text{는 작도 가능하다} \Leftrightarrow \text{각 } \frac{\pi}{6}\text{는 작도 가능하다}$$

임을 알 수 있으므로 각 $\frac{\pi}{6}$는 작도 가능하다.

2. 각 θ에 대하여 다음 명제의 참 또는 거짓을 판정하고 이를 증명하시오.
$\sin\theta$는 작도 가능하다 $\Leftrightarrow$ $\cos\theta$는 작도 가능하다

풀이 참.

증명 $\sin\theta$는 작도 가능하다고 가정하면 중심이 원점이고 반지름이 1인 반원을 이용하여 각 θ는 작도 가능하다. 따라서 $\cos\theta$는 작도 가능하다.
역으로 $\cos\theta$는 작도 가능하다고 가정하면 중심이 원점이고 반지름이 1인 반원을 이용하여 각 θ는 작도 가능하다. 따라서 $\sin\theta$는 작도 가능하다.

3. 각 θ에 대하여 다음 명제의 참 또는 거짓을 판정하고 이를 증명하시오.
$\cos\theta$는 작도 가능하다 $\Leftrightarrow$ $\cos 2\theta$는 작도 가능하다

풀이 참.

증명 $\cos\theta$는 작도 가능하다고 가정하면 식 $\cos 2\theta = 2\cos^2\theta - 1$을 이용하여 $\cos 2\theta$는 작도 가능함을 알 수 있다.

역으로 $\cos 2\theta$는 작도 가능하다고 가정하면 식 $\cos\theta = \sqrt{\dfrac{1+\cos 2\theta}{2}}$ 를 이용하여 $\cos\theta$는 작도 가능함을 알 수 있다.

4. 각 θ에 대하여 다음 명제의 참 또는 거짓을 판정하고 이를 증명하시오.

$$\sin\theta\text{는 작도 가능하다} \Leftrightarrow \sin 2\theta\text{는 작도 가능하다}$$

풀이 참.

증명 $\sin\theta$는 작도 가능하다고 가정하면 $\cos\theta$ 또한 작도 가능하다.
따라서 식 $\sin 2\theta = 2\sin\theta\cos\theta$를 이용하여 $\sin 2\theta$는 작도 가능함을 알 수 있다.
역으로 $\sin 2\theta$는 작도 가능하다고 가정하면 $\cos 2\theta$는 작도 가능하고 식 $\cos\theta = \sqrt{\dfrac{1+\cos 2\theta}{2}}$ 를 이용하여 $\cos\theta$는 작도 가능함을 알 수 있다.
따라서 식 $\sin 2\theta = 2\sin\theta\cos\theta$를 이용하면 $\sin\theta$는 작도 가능하다.

제10장 갈로아 이론(Galois Theories)

1. 체 $\mathbb{Q}$ 위에서 $\mathbb{Q}(\sqrt{3})$의 갈로아 군 $G(\mathbb{Q}(\sqrt{3})/\mathbb{Q})$는 군 $\mathbb{Z}_2$와 동형인지 판정하고 이를 증명하시오.

풀이 $G(\mathbb{Q}(\sqrt{3})/\mathbb{Q})$는 군 $\mathbb{Z}_2$와 동형이다.

증명 만일 $g \in G(\mathbb{Q}(\sqrt{3})/\mathbb{Q})$이라면 임의의 원소 $r \in \mathbb{Q}$에 대하여 $g(r) = r$이다. 따라서 g는 $g(\sqrt{3})$에 의하여 완전히 결정된다. 한편,

$$(g(\sqrt{3}))^2 = g(3) = 3$$

이므로

$$g(\sqrt{3}) = \sqrt{3} \quad \text{또는} \quad g(\sqrt{3}) = -\sqrt{3}$$

이다.

(i) $g(\sqrt{3}) = \sqrt{3}$이면 임의의 원소 $a + b\sqrt{3} \in \mathbb{Q}(\sqrt{3})$에 대하여

$$g(a + b\sqrt{3}) = a + b\sqrt{3}$$

이므로 $g = 1_{\mathbb{Q}(\sqrt{3})}$이다.

(ii) $g(\sqrt{3}) = -\sqrt{3}$이면 임의의 원소 $a + b\sqrt{3} \in \mathbb{Q}(\sqrt{3})$에 대하여

$$g(a + b\sqrt{3}) = a - b\sqrt{3}$$

이다. 따라서

$$G(\mathbb{Q}(\sqrt{3})/\mathbb{Q}) = \{1_{\mathbb{Q}(\sqrt{3})}, g\}$$

이므로 체 $\mathbb{Q}$ 위에서 $\mathbb{Q}(\sqrt{3})$의 갈로아 군 $G(\mathbb{Q}(\sqrt{3})/\mathbb{Q})$는 위수가 2인 순환군임을 알 수 있다. 따라서 군 $G(\mathbb{Q}(\sqrt{3})/\mathbb{Q})$는 군 $\mathbb{Z}_2$와 동형이다.

2. 체 $\mathbb{Q}$ 위에서 $\mathbb{Q}(\sqrt[3]{2})$의 갈로아 군 $G(\mathbb{Q}(\sqrt[3]{2})/\mathbb{Q})$는 군 $\mathbb{Z}_3$와 동형인지 판정하고 이를 증명하시오.

풀이 $G(\mathbb{Q}(\sqrt[3]{2})/\mathbb{Q})$는 군 $\mathbb{Z}_3$와 동형이 아니다.

증명 만일 $g \in G(\mathbb{Q}(\sqrt[3]{2})/\mathbb{Q})$이라면 임의의 원소 $r \in \mathbb{Q}$에 대하여 $g(r)=r$이다. 따라서 g는 $g(\sqrt[3]{2})$에 의하여 완전히 결정된다. 한편,

$$(g(\sqrt[3]{2}))^3 = g(2) = 2$$

이므로

$$g(\sqrt[3]{2}) = \sqrt[3]{2}$$

이다. 그러므로 임의의 원소 $a+b\sqrt[3]{2}+c\sqrt[3]{4} \in \mathbb{Q}(\sqrt[3]{2})$에 대하여

$$g(a+b\sqrt[3]{2}+c\sqrt[3]{4}) = a+b\sqrt[3]{2}+c\sqrt[3]{4}$$

이므로 $g = 1_{\mathbb{Q}(\sqrt[3]{2})}$이다.

따라서

$$G(\mathbb{Q}(\sqrt[3]{2})/\mathbb{Q}) = \{1_{\mathbb{Q}(\sqrt[3]{2})}\}$$

이므로 $G(\mathbb{Q}(\sqrt[3]{2})/\mathbb{Q})$의 위수는 1이다.

그런데 군 $\mathbb{Z}_3$의 위수는 3이므로 갈로아 군 $G(\mathbb{Q}(\sqrt[3]{2})/\mathbb{Q})$는 군 $\mathbb{Z}_3$와 동형인 군이 될 수 없다.

3. 체 $\mathbb{Q}$ 위에서 $\mathbb{Q}(\sqrt{3}, \sqrt{7})$의 갈로아 군 $G(\mathbb{Q}(\sqrt{3}, \sqrt{7})/\mathbb{Q})$와 군 $\mathbb{Z}_2 \times \mathbb{Z}_2$가 동형인지 판정하고 이를 증명하시오.

풀이 군 $G(\mathbb{Q}(\sqrt{3}, \sqrt{7})/\mathbb{Q})$와 군 $\mathbb{Z}_2 \times \mathbb{Z}_2$는 동형이다.

증명 만일 $g \in G(\mathbb{Q}(\sqrt{3}, \sqrt{7})/\mathbb{Q})$이라면 임의의 원소 $r \in \mathbb{Q}$에 대하여 $g(r)=r$이다. 따라서 g는 $g(\sqrt{3})$와 $g(\sqrt{7})$에 의하여 완전히 결정된다. 한편,

$$(g(\sqrt{3}))^2 = g(3) = 3, \qquad (g(\sqrt{7}))^2 = g(7) = 7$$

이므로

$$g(\sqrt{3}) = \sqrt{3} \quad \text{또는} \quad g(\sqrt{3}) = -\sqrt{3}$$
$$g(\sqrt{7}) = \sqrt{7} \quad \text{또는} \quad g(\sqrt{7}) = -\sqrt{7}$$

이다.

(i) $g(\sqrt{3}) = \sqrt{3}$이고 $g(\sqrt{7}) = \sqrt{7}$이면

임의의 원소 $a+b\sqrt{3}+c\sqrt{7}+d\sqrt{3}\sqrt{7} \in \mathbb{Q}(\sqrt{3}, \sqrt{7})$에 대하여

$$g(a+b\sqrt{3}+c\sqrt{7}+d\sqrt{3}\sqrt{7}) = a+b\sqrt{3}+c\sqrt{7}+d\sqrt{3}\sqrt{7}$$

이므로 $g = 1_{\mathbb{Q}(\sqrt{3}, \sqrt{7})}$이다.

(ii) $g(\sqrt{3}) = \sqrt{3}$이고 $g(\sqrt{7}) = -\sqrt{7}$이면

임의의 원소 $a+b\sqrt{3}+c\sqrt{7}+d\sqrt{3}\sqrt{7} \in \mathbb{Q}(\sqrt{3}, \sqrt{7})$에 대하여

$$g(a+b\sqrt{3}+c\sqrt{7}+d\sqrt{3}\sqrt{7}) = a+b\sqrt{3}-c\sqrt{7}-d\sqrt{3}\sqrt{7}$$

이다. 따라서 $gg = 1_{\mathbb{Q}(\sqrt{3}, \sqrt{7})}$이다.

(iii) $g(\sqrt{3}) = -\sqrt{3}$이고 $g(\sqrt{7}) = \sqrt{7}$이면

임의의 원소 $a+b\sqrt{3}+c\sqrt{7}+d\sqrt{3}\sqrt{7} \in \mathbb{Q}(\sqrt{3}, \sqrt{7})$에 대하여

$$g(a+b\sqrt{3}+c\sqrt{7}+d\sqrt{3}\sqrt{7}) = a-b\sqrt{3}+c\sqrt{7}-d\sqrt{3}\sqrt{7}$$

이므로 $gg = 1_{\mathbb{Q}(\sqrt{3}, \sqrt{7})}$이다.

(iv) $g(\sqrt{3}) = -\sqrt{3}$이고 $g(\sqrt{7}) = -\sqrt{7}$이면

임의의 원소 $a+b\sqrt{3}+c\sqrt{7}+d\sqrt{3}\sqrt{7} \in \mathbb{Q}(\sqrt{3}, \sqrt{7})$에 대하여

$$g(a+b\sqrt{3}+c\sqrt{7}+d\sqrt{3}\sqrt{7}) = a-b\sqrt{3}-c\sqrt{7}+d\sqrt{3}\sqrt{7}$$

이다. 따라서 $gg = 1_{\mathbb{Q}(\sqrt{3}, \sqrt{7})}$이다.

그러므로 (ii), (iii), (iv)에서의 사상 g를 차례로 g_1, g_2, g_3으로 놓으면 결과적으로

$$G(\mathbb{Q}(\sqrt{3}, \sqrt{7})/\mathbb{Q}) = \{1_{\mathbb{Q}(\sqrt{3}, \sqrt{7})}, g_1, g_2, g_3\}$$

이다. 즉, 체 $\mathbb{Q}$ 위에서 $\mathbb{Q}(\sqrt{3}, \sqrt{7})$의 갈로아 군 $G(\mathbb{Q}(\sqrt{3}, \sqrt{7})/\mathbb{Q})$는 위수가 4인 군임을 알 수 있다.

또한 g_1, g_2, g_3 모두 위수가 2이므로 사상 $\phi: G(\mathbb{Q}(\sqrt{3}, \sqrt{7})/\mathbb{Q}) \to \mathbb{Z}_2 \times \mathbb{Z}_2$를

$$\phi(1_{\mathbb{Q}(\sqrt{3}, \sqrt{7})}) = (0,0), \qquad \phi(g_1) = (1,0),$$
$$\phi(g_2) = (0,1), \qquad \phi(g_3) = (1,1)$$

으로 정의하면 ϕ는 동형사상이다.

그러므로 군 $G(\mathbb{Q}(\sqrt{3}, \sqrt{7})/\mathbb{Q})$와 군 $\mathbb{Z}_2 \times \mathbb{Z}_2$는 서로 동형이다.

4. 체 $F = \mathbb{Q}$의 확대체 $E = \mathbb{Q}(\sqrt{23})$에 대하여 다음 명제의 참 또는 거짓을 판정하고 이를 증명하시오.

(1) $K_1 = \mathbb{Q}$과 $K_2 = \mathbb{Q}(\sqrt{23})$에 대하여 $G(E/K_2) \subset G(E/K_1)$이다.

(2) 자기동형사상 $f \in G(\mathbb{Q}(\sqrt{23})/\mathbb{Q})$, $f(a+b\sqrt{23}) = a - b\sqrt{23}$에 대하여

$$H_1 = \{1_{\mathbb{Q}(\sqrt{23})}\}, \qquad H_2 = \{1_{\mathbb{Q}(\sqrt{23})}, f\}$$

으로 놓으면 $E_{H_2} \subset E_{H_1}$이다.

풀이 (1) 참.

증명 $\mathbb{Q} \subset \mathbb{Q}(\sqrt{23})$이므로 $K_1 \subset K_2$이다.
따라서 포함관계 $G(E/K_2) \subset G(E/K_1)$이 성립한다.

풀이 (2) 참.

증명 $H_1 \subset H_2$이므로 $E_{H_2} \subset E_{H_1}$이 성립한다.

5. 체 $F = \mathbb{Q}$의 확대체 $E = \mathbb{Q}(\sqrt{3}, \sqrt{7})$에 대하여 다음 명제의 참 또는 거짓을 판정하고 이를 증명하시오.

(1) E의 부분체 $K_1 = \mathbb{Q}$, $K_2 = \mathbb{Q}(\sqrt{7})$에 대하여 $G(E/K_2) \subset G(E/K_1)$이다.

(2) 자기동형사상 $f : \mathbb{Q}(\sqrt{3}, \sqrt{7}) \to \mathbb{Q}(\sqrt{3}, \sqrt{7})$

$$f(a + b\sqrt{3} + c\sqrt{7} + d\sqrt{3}\sqrt{7}) = a - b\sqrt{3} + c\sqrt{7} - d\sqrt{3}\sqrt{7}$$

에 대하여 $H_1 = \{1_{\mathbb{Q}(\sqrt{3}, \sqrt{7})}\}$, $H_2 = \{1_{\mathbb{Q}(\sqrt{3}, \sqrt{7})}, f\}$으로 놓으면 $E_{H_2} \subset E_{H_1}$이다.

풀이 (1) 참.

증명 $\mathbb{Q} \subset \mathbb{Q}(\sqrt{7})$이므로 $K_1 \subset K_2$이다.
따라서 $G(E/K_2) \subset G(E/K_1)$이 성립한다.

풀이 (2) 참.

증명 $H_1 \subset H_2$이므로 $E_{H_2} \subset E_{H_1}$이 성립한다.

※ (6 - 7) 체 F의 확대체 E와 집합

$$S = \{K \mid K\text{는 } E\text{의 부분체이고 } F\text{의 확대체이다}\}$$
$$T = \{H \mid H\text{는 } G(E/F)\text{의 부분군이다}\}$$

에 대하여 함수 $\phi : S \to T$와 함수 $\psi : T \to S$를

$$\phi(K) = G(E/K), \qquad K \in S$$
$$\psi(H) = E_H, \qquad H \in T$$

로 정의하자.

다음 물음에 답하시오.

6. 체 $F = \mathbb{Q}$의 확대체 $E = \mathbb{Q}(\sqrt{7})$에 대하여 다음 명제의 참 또는 거짓을 판정하고 이를 증명하시오.

(1) $K = \mathbb{Q}(\sqrt{7})$이면 $K = (\psi\phi)(K)$이다.

(2) 자기동형사상 $f \in G(E/F)$, $f(a + b\sqrt{7}) = a - b\sqrt{7}$에 대하여 $H = \{1_E, f\}$으로 놓으면 $H = (\phi\psi)(H)$이다.

풀이 (1) 참.

증명 $(\psi\phi)(K) = \psi(G(E/K)) = E_{G(E/K)}$이다.

그런데 $K = E$이므로 $G(E/K) = \{1_E\}$이다.

따라서

$$E_{G(E/K)} = E_{\{1_E\}} = E$$

이므로

$$(\psi\phi)(K) = E_{G(E/K)} = E = K$$

이다. 즉, $K = (\psi\phi)(K)$이다.

풀이 (2) 참.

증명 $(\phi\psi)(H) = \phi(E_H) = G(E/E_H)$이고 $E_H = F$이므로

$$(\phi\psi)(H) = G(E/F)$$

이다. 그런데 $H = G(E/F)$이므로 $H = (\phi\psi)(H)$이다.

7. 체 $F=\mathbb{Q}$ 의 확대체 $E=\mathbb{Q}(\sqrt{3},\sqrt{7})$에 대하여 다음 명제의 참 또는 거짓을 판정하고 이를 증명하시오.

(1) $K=\mathbb{Q}(\sqrt{7})$이면 $K=(\psi\phi)(K)$이다.

(2) $H=\{1_{\mathbb{Q}(\sqrt{3})}\}$으로 놓으면 $H=(\phi\psi)(H)$이다.

풀이 (1) 참.

증명 $(\psi\phi)(K)=\psi(G(E/K))=E_{G(E/K)}$이다.

또한 임의의 원소 $a+b\sqrt{3}+c\sqrt{7}+d\sqrt{3}\sqrt{7}\in E$에 대하여

$$f(a+b\sqrt{3}+c\sqrt{7}+d\sqrt{3}\sqrt{7})=a-b\sqrt{3}+c\sqrt{7}-d\sqrt{3}\sqrt{7}$$

으로 정의된 자기동형사상 $f\in G(E/F)$에 대하여 $G(E/K)=\{1_E, f\}$이므로

$$E_{G(E/K)}=E_{\{1_E, f\}}=K$$

이다. 따라서

$$(\psi\phi)(K)=E_{G(E/K)}=K$$

이므로 $K=(\psi\phi)(K)$이 성립한다.

풀이 (2) 참.

증명 $(\phi\psi)(H)=\phi(E_H)=G(E/E_H)$이고 $E_H=E$이므로

$$(\phi\psi)(H)=G(E/E)$$

이다. 그런데 $H=G(E/E)$이므로 $H=(\phi\psi)(H)$이다.

8. 체 $E=\mathbb{Q}(\sqrt{11})$가 체 $F=\mathbb{Q}$ 의 갈로아 확대체인지 판정하고 이를 증명하시오.

풀이 체 $E=\mathbb{Q}(\sqrt{11})$는 $F=\mathbb{Q}$ 의 갈로아 확대체이다.

증명 자기동형사상 $f\in G(E/F)$를

$$f(a+b\sqrt{11})=a-b\sqrt{11}$$

으로 놓으면

$$G(E/F)=G(\mathbb{Q}(\sqrt{11})/\mathbb{Q})=\{1_{\mathbb{Q}(\sqrt{11})}, f\}$$

이다. 따라서

$$E_{G(E/F)} = F$$

이므로 $E = \mathbb{Q}(\sqrt{11})$는 $F = \mathbb{Q}$의 갈로아 확대체이다.

9. 체 $E = \mathbb{Q}(\sqrt{3}, \sqrt{7})$가 체 $F = \mathbb{Q}$의 갈로아 확대체인지 판정하고 이를 증명하시오.

풀이 체 $E = \mathbb{Q}(\sqrt{3}, \sqrt{7})$는 $F = \mathbb{Q}$의 갈로아 확대체이다.

증명 체 $F = \mathbb{Q}$와 $E = \mathbb{Q}(\sqrt{3}, \sqrt{7})$에 대하여 자기동형사상 $f \in G(E/F)$를

$$f(a + b\sqrt{3} + c\sqrt{7} + d\sqrt{3}\sqrt{7}) = a - b\sqrt{3} + c\sqrt{7} - d\sqrt{3}\sqrt{7}$$

으로 정의하고 자기동형사상 $g \in G(E/F)$를

$$g(a + b\sqrt{3} + c\sqrt{7} + d\sqrt{3}\sqrt{7}) = a + b\sqrt{3} - c\sqrt{7} - d\sqrt{3}\sqrt{7}$$

으로 정의하자. 그러면

$$G(E/F) = \{1_{\mathbb{Q}(\sqrt{3}, \sqrt{7})}, f, g, fg\}$$

이다. 따라서

$$E_{G(E/F)} = F$$

이므로 $E = \mathbb{Q}(\sqrt{3}, \sqrt{7})$는 $F = \mathbb{Q}$의 갈로아 확대체이다.

10. 체 F의 유한확대체 K가 F 위에서 분리확대체이고 분해체일 때 포함관계 $F \subset E \subset K$를 만족시키는 체 E와 다음과 같이 정의된 사상

$$\phi : G(K/F) \to G(E/F), \quad \phi(f) = f|_E, \quad f \in G(K/F)$$

에 대하여 다음 성질이 성립하는지 판정하고 이를 증명하시오.

(1) ϕ는 준동형사상이다.

(2) $\ker\phi = G(K/E)$

(3) $\phi(G(K/F)) = G(E/F)$

풀이 (1), (2), (3) 모두 성립한다.

증명 (1) 임의의 자기동형사상 $f,g \in G(K/F)$에 대하여

$$\phi(f+g)=(f+g)|_E = f|_E + g|_E = \phi(f)+\phi(g)$$
$$\phi(fg)=(fg)|_E = f|_E\, g|_E = \phi(f)\phi(g)$$

이므로 ϕ는 준동형사상이다.

(2) 만일 $f \in \ker\phi$이면 $\phi(f)=f|_E$는 항등동형사상이므로 $f \in G(K/E)$이다. 따라서

$$\ker\phi \subset G(K/E)$$

이다. 또한 $f \in G(K/E)$이면 임의의 원소 $a \in E$에 대하여 $f(a)=a$이므로 $\phi(f)=f|_E$는 항등동형사상이다. 따라서 $f \in \ker\phi$이므로

$$G(K/E) \subset \ker\phi$$

이다. 즉, $\ker\phi = G(K/E)$이다.

(3) 임의의 자기동형사상 $h \in G(E/F)$는 F에 속하는 모든 원소를 고정시키는 K의 자기동형사상으로 확대가 되므로 적당한 자기동형사상 $g \in G(K/F)$가 존재하여 $g|_E = f$이다. 따라서 $\phi(G(K/F)) = G(E/F)$이다.

참고 문헌

1. M. Artin, Algebra, Prentice-Hall, 1991.
2. W. Burnside, Theory of Groups of Finite Order, Dover, 1955.
3. J. Fraleigh, A First Course in Abstract Algebra, Pearson Education, 2003.
4. J.A. Gallian, Contemporary Abstract Algebra, 7nd edition, Brooks/Cole, 2010.
5. I.N. Herstein, Topics in Algebra, Wiley, 1975.
6. T.W. Hungerford, Abstract Algebra, Saunders college publishing, 1974.
7. T.W. Hungerford, Algebra, Springer-Verlag, 1974.
8. N. Jacobson, Basic Algebra, Princeton, 1980.
9. N. Jacobson, Lectures in Abstract Algebra, Princeton, 1964.
10. E.T. Kim, S.A. Park, 현대대수학, 8th edition, Kyungmoonsa, 2011.
11. S. Lang, Algebra, Addison-Wesley, 1965.
12. J.J. Rotman, A First Course in Abstract Algebra, 2nd edition, Prentice-Hall, 2000.

찾아보기

체

지은이 송영권
펴낸이 조경희
펴낸곳 경문사
펴낸날 2022년 3월 2일 1판 1쇄
등 록 1979년 11월 9일 제1979–000023호
주 소 04057, 서울특별시 마포구 와우산로 174
전 화 (02)332–2004 팩스 (02)336–5193
이메일 kyungmoon@kyungmoon.com

값 16,000원

ISBN 979–11–6073–527–7